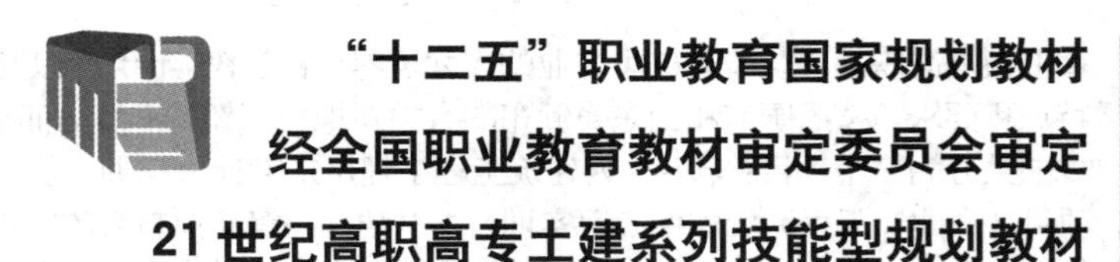

"十二五"职业教育国家规划教材

经全国职业教育教材审定委员会审定

21世纪高职高专土建系列技能型规划教材

建筑工程计量与计价实训

（第3版）

（含案例施工图纸）

主　编　肖明和　关永冰

副主编　孙圣华　姜利妍　柴　琦

参　编　赵　莉　刘德军

刘姗姗　杨　勇

主　审　冯　钢

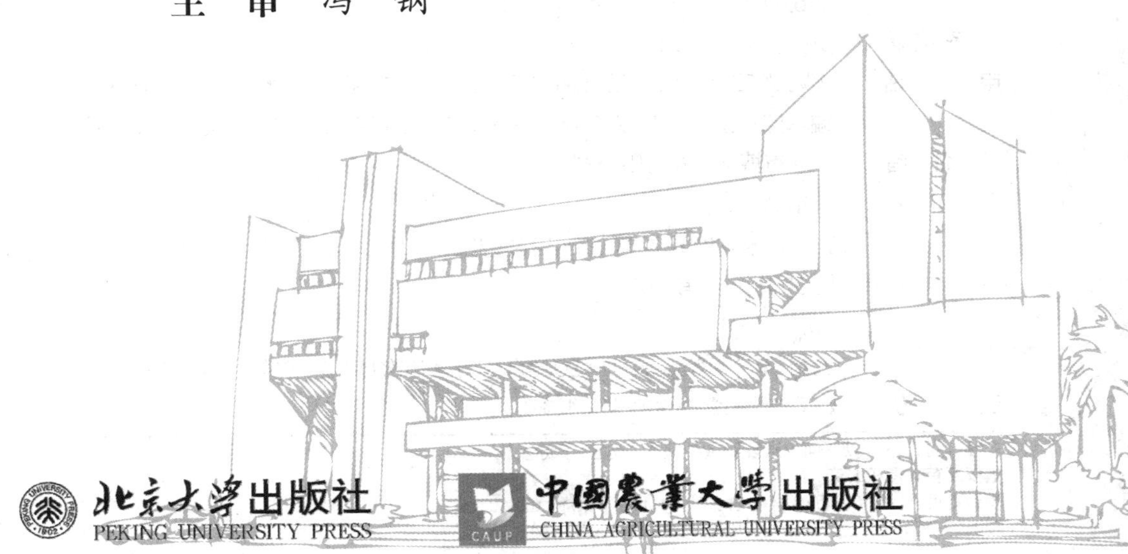

北京大学出版社 PEKING UNIVERSITY PRESS

中国农业大学出版社 CHINA AGRICULTURAL UNIVERSITY PRESS

内 容 简 介

本书根据高职高专院校土建类专业的人才培养目标、教学计划，以及建筑工程计量与计价实训课程的教学特点和要求，按照国家和山东省颁布的有关新规范、新标准编写而成。

本书共分为 3 个项目：项目 1 为建筑工程工程量定额计价实训；项目 2 为建筑工程工程量清单计价实训；项目 3 为建筑工程造价软件应用实训。本书结合高等职业教育的特点，立足于基本理论的阐述，注重实际能力的培养，把“案例教学法”的思想贯穿于编写过程的始终，具有实用性、系统性和先进性的特点。

本书既可作为高职高专建筑工程技术、工程造价、工程监理及相关专业的实践课程教学用书，也可作为中专和函授教育的教学参考书，还可作为土建类工程技术人员的参考资料。

图书在版编目(CIP)数据

建筑工程计量与计价实训/肖明和，关永冰主编. —3 版. —北京：北京大学出版社；中国农业大学出版社，2015.7

（21 世纪高职高专土建系列技能型规划教材）

ISBN 978-7-301-25345-8

Ⅰ. ①建…　Ⅱ. ①肖…②关…　Ⅲ. ①建筑工程—计量—高等职业教育—教材②建筑造价—高等职业教育—教材　Ⅳ. ①TU723.3

中国版本图书馆 CIP 数据核字（2015）第 005605 号

书　　名　建筑工程计量与计价实训（第 3 版）
著作责任者　肖明和　关永冰　主编
策 划 编 辑　杨星璐　赖　青
责 任 编 辑　刘健军　田树君
标 准 书 号　ISBN 978-7-301-25345-8
出 版 发 行　北京大学出版社　中国农业大学出版社
地　　址　北京市海淀区成府路 205 号　100871（北大社）
北京市海淀区圆明园西路 2 号　100193（农大社）
网　　址　http://www.pup.cn　新浪微博：@北京大学出版社
http://www.cau.edu.cn/caup（农大社）
电 子 信 箱　pup_6@163.com
电　　话　邮购部 62752015　发行部 62750672　编辑部 62750667（北大社）
编辑部 62732617　发行部 62818525　读者服务部 62732336（农大社）
印 刷 者　三河市博文印刷有限公司
经 销 者　新华书店
787 毫米×1092 毫米　16 开本　14.25 印张　327 千字
2009 年 8 月第 1 版
2013 年 7 月第 2 版
2015 年 7 月第 3 版　2021 年 1 月第 7 次印刷（总第 17 次印刷）
定　　价　29.00 元（含案例施工图纸）

第3版前言

本书为“十二五”职业教育国家规划教材之一。为适应21世纪职业技术教育发展需要，培养建筑行业具备建筑工程计量与计价知识的专业技术管理应用型人才，我们结合当前建筑工程计量与计价最新规范编写了本书。本书第1版自2009年8月出版以来，在广大读者的支持下，已经印刷了6次，又于2013年依据GB 50500—2013等新出台的各国家标准修订出版了第2版，并印刷了4次，受到广大师生的好评。

随着我国职业教育事业快速发展，体系建设稳步推进，国家对职业教育越来越重视，并先后发布了《国务院关于加快发展现代职业教育的决定》和《教育部关于学习贯彻习近平总书记重要指示和全国职业教育工作会议精神的通知》等文件。为适应职业教育新形式的要求，我们深入企业一线，结合企业需求，重新调整工程造价和建筑工程技术等专业的人才培养定位，使课程内容与职业标准、教学过程与生产过程、职业教育与终身学习对接，使课程结构和内容更加符合学生“双证书”的培养目标。结合以上目的，以及2014年7月起实施的《建筑工程建筑面积计算规范》（GB/T 50353—2013），我们在前两版的基础上修订编写了本书。

本书是根据高职高专院校土建类专业的人才培养目标、教学计划，以及建筑工程计量与计价实训课程的教学特点和要求，结合山东省精品课程“建筑工程计量与计价”的建设经验，并结合《建筑工程建筑面积计算规范》（GB/T 50353—2013）、《建设工程工程量清单计价规范》（GB 50500 —2013）、《房屋建筑与装饰工程计量规范》（GB 500854—2013）、《山东省建筑工程消耗量定额》（2003年版及2004年、2006年、2008年补充定额）、《山东省建筑工程量计算规则》（2003年版及2004年、2006年、2008年补充册）、《山东省建设工程费用项目组成及计算规则》（2011年）、《山东省建筑工程价目表》（2011年）、《山东省建设工程工程量清单计价规则》（2011年）、《山东省建筑工程工程量清单计价办法》（2004年），以及《山东省装饰装修工程工程量清单计价办法》（2004 年）等为主要依据修订而成。书中内容紧密结合建筑工程计量与计价的实践性教学特色，针对培养学生应用型技能的要求，系统而详细地制订了建筑工程计量与计价课程的实训计划和内容，理论联系实际，重点突出案例教学，以提高学生的实际应用能力。

目前，传统的定额计价办法和工程量清单计价办法共存于招标、投标活动中，为此本书在内容的编排上共分为3个项目，建议安排60学时。各项目的主要内容包括实训目的和要求、实训内容、实训时间安排、实训的编制依据、编制步骤和方法，每个项目均附有独立、成套的施工图设计文件和相应的标准表格。

本书由济南工程职业技术学院肖明和、关永冰担任主编，山东职业学院孙圣华、济南工程职业技术学院姜利妍和山东城市建设职业学院柴琦担任副主编，济南工程职业技术学院赵莉、刘德军、刘姗姗、杨勇参编。济南工程职业技术学院冯钢对全书进行了认真的审读并提出许多宝贵意见。

本书第1版由肖明和、柴琦担任主编，孙圣华、姜利妍和杨勇担任副主编，关永冰、赵莉、刘德军、刘珊珊和山东城市建设职业学院冯松山参编，冯钢担任主审；本书第2版由肖明和、关永冰担任主编，孙圣华、姜利妍和柴琦担任副主编，赵莉、刘德军、刘珊珊、杨勇参编，冯钢担任主审。本书是在前两版的基础上修订而成，在此向前两版的编者致以衷心的谢意！

本书在编写过程中参考了国内外同类教材和相关资料，在此向这些资料的作者们表示深深的谢意！由于编者水平有限，书中难免有不足之处，恳请广大读者批评指正。联系电子信箱：minghexiao@163.com。

编　者

2015年3月

CONTENTS

目录

项目1

建筑工程工程量定额计价实训

学习目标

通过本项目的学习，培养学生系统地总结、运用所学的建筑工程定额原理和工程概预算理论编制建筑工程施工图预算的能力；使学生能够做到理论联系实际、产学结合，进一步培养学生独立分析和解决问题的能力。

学习要求

能力目标	知识要点	相关知识	权重
掌握基本识图能力	正确识读工程图样，理解建筑、结构做法和详图	制图规范、建筑图例、结构构件、节点做法	10%
掌握分部分项工程项目的划分	根据定额计算规则和图样内容正确划分各分部分项工程	定额子目组成、工程量计算规则、工程具体内容	15%
掌握工程量的计算方法	以建筑工程、装饰装修工程工程量的计算规则、定额计量单位为基础，正确计算各项工程量	工程量计算规则的运用	35%
掌握定额子目的正确套用	按照图样的做法，套用最恰当的定额子目	定额项目选择、定额基价换算	25%
掌握预算表、费用计算程序表的编制	确定各项费率系数，正确计取建筑工程、装饰装修工程费用，计算工程总造价	工程类别划分、费用项目及费率系数、计费程序表	15%

任务1.1　建筑工程工程量定额计价实训任务书

1.1.1　实训目的和要求

1. 实训目的

(1) 加深对预算定额的理解和运用，掌握《山东省建筑工程消耗量定额》的编制和使用方法。

(2) 通过课程设计的实际训练，使学生能够按照施工图预算的要求进行项目划分并列项，并能熟练地进行工程量计算，使学生能将理论知识运用到实际计算中去。

(3) 掌握建筑工程预算费用的组成，通过课程设计理解建筑安装工程费用的计算程序。

(4) 通过课程设计的实际训练，使学生掌握采用定额计价的方式编制建筑工程施工图预算文件的程序、方法、步骤及图表填写规定等。

2. 实训具体要求

(1) 要求完成该工程建筑物的建筑工程及装饰装修工程部分的工程量计算，并编制工程量汇总表。主要分部工程如下：土石方工程、地基处理与防护工程、砌筑工程、钢筋及混凝土工程、门窗工程、屋面防水保温工程、装饰工程(楼地面、墙柱面、顶棚工程等)、施工技术措施项目(脚手架工程、垂直运输机械及超高增加、构件运输及安装工程、混凝土模板及支撑工程等)。

(2) 课程实训期间，必须发扬实事求是的科学精神，进行深入分析研究和计算，按照指导要求进行编制，严禁捏造、抄袭等坏的作风，力争使自己的实训达到先进水平。

(3) 课程实训应独立完成，遇到有争议的问题可以相互讨论，但不准抄袭他人。否则，一经发现，相关责任者的课程实训成绩以零分计。

1.1.2　实训内容

1. 工程资料

已知某工程资料如下。

(1) 建筑施工图、结构施工图见附图(见任务1.4)。

(2) 建筑设计总说明、建筑做法说明、结构设计说明见工程施工图(见任务1.4)。

(3) 其他未尽事项，可根据规范、图集及具体情况讨论选用，并在编制说明中注明。例如，混凝土采用场外集中搅拌，25m^3/h，混凝土运输车运输，运距5km，非泵送混凝土；除预制板外，其他混凝土构件采用现浇方式，等等。

2. 编制内容

根据现行的《山东省建筑工程消耗量定额》《山东省建设工程费用项目组成及计算规则》和指定的施工图设计文件等资料，编制以下内容。

(1) 列出项目并计算工程量。

(2) 套用消耗量定额，确定直接工程费(编制工程计价表)。

(3) 进行工料机分析及汇总。
(4) 进行材料差价计算。
(5) 进行取费分析，计算工程造价。
(6) 编制说明。
(7) 填写封面，整理装订成册。

1.1.3 实训时间安排

实训时间安排见表 1-1。

表 1-1 实训时间安排表(一)

序号	内 容	时间/天
1	实训准备工作及熟悉图纸、定额，了解工程概况，进行项目划分	0.5
2	工程量计算	2.5
3	编制工程计价表	0.5
4	工料机分析和材料差价计算	1.0
5	取费分析、计算工程造价、复核、编制说明、填写封面、整理装订成册	0.5
6	合计	5.0

任务 1.2 建筑工程工程量定额计价实训指导书

1.2.1 编制依据

(1) 课程实训应严格执行国家和山东省最新行业的标准、规范、规程、定额，以及有关造价政策和文件。

(2) 本课程实训依据《山东省建筑工程消耗量定额》(2003 年及 2004 年、2006 年、2008 年补充定额)、《山东省建筑工程价目表》(2011 年)、《山东省建设工程费用项目组成及计算规则》(2011 年)以及施工图设计文件等完成。

1.2.2 编制步骤和方法

1. 熟悉施工图设计文件

(1) 熟悉图样、设计说明，了解工程性质，对工程情况进行初步了解。
(2) 熟悉平面图、立面图和剖面图，核对尺寸。
(3) 查看详图和做法说明，了解细部做法。

2. 熟悉施工组织设计资料

了解施工方法、施工机械和工具设备的选择，运输距离的远近，脚手架种类的选择，模板支撑种类的选择等。

3. 熟悉消耗量定额

了解定额各项目的划分、工程量计算规则，掌握各定额项目的工作内容、计量单位。

4. 计算工程量及编制工程量计算书

工程量计算必须根据设计图样和说明提供的工程构造、设计尺寸和做法要求，结合施工组织设计和现场情况，按照定额的项目划分、工程量计算规则和计量单位的规定，对每个分项工程的工程量进行具体计算。它是工程预算编制工作中一项非常细致的重要环节，90%以上的时间消耗在工程量计算阶段，而且工程预算造价的正确与否，关键在于工程量的计算是否准确、项目是否齐全、有无遗漏和错误。

特别提示

为了做到计算准确、便于审核，工程量计算的总体要求有以下几点。

根据设计图纸、施工说明书和消耗量定额的规定要求，先列出本工程的分部分项工程的项目顺序表，再逐项计算，对定额缺项需要调整换算的项目要注明，以便做补充换算计算表。

计算工程量所取定的尺寸和工程量计量单位要符合消耗量定额的规定。

尽量按照“一数多用”的计算原则，以加快计算速度。

门窗、洞口、预制构件要结合建筑平面图、立面图对照清点，也可列出数量、面积、体积明细表，以备扣除门窗、洞口面积和预制构件体积之用。

工程量计算的具体步骤如下。

1) “四线两面”基数计算

(1) 计算外墙中心线长度 $L_{中}$(若外墙基础断面不同，应分段计算)、内墙净长线长度 $L_{内}$(若内墙墙厚不同，应分段计算)、内墙垫层净长线长度 $L_{净垫}$(或内墙混凝土基础净长线长度 $L_{净基础}$；若垫层或基础断面不同，应分段计算)和外墙的外边线长度 $L_{外}$；计算底层建筑面积 $S_{底}$和房心净面积 $S_{房}$。

(2) 编制基数计算表，样表见表 1-2。

表 1-2　基数计算表(样表)

序号	基数名称	单位	数量	计算式
一	外墙中心线长度 $L_{中}$	m	29.20	(5.0+3.6+3.3+2.7)×2
二	内墙净长线长度 $L_{内}$	m	…	…
1	$L_{内1}$(120 墙)	m	…	…
2	$L_{内2}$(240 墙)	m	…	…
三	外墙外边线长度 $L_{外}$	m	…	…
…	…	…	…	…

(3) 计算门窗及洞口工程量，编制门窗及洞口工程量计算表，样表见表 1-3。

表 1-3　门窗及洞口工程量计算表(样表)

门窗代号	洞口尺寸		每樘面积/m^2	总樘数	总面积/m^2	所在部位			备注
						外墙	内墙		
	宽/mm	高/mm				240mm	240mm	120mm	
M-1	900	2400	2.16	5	10.8	4.32	2.16	4.32	

续表

门窗代号	洞口尺寸		每樘面积/m²	总樘数	总面积/m²	所在部位			备注
						外墙	内墙		
	宽/mm	高/mm				240mm	240mm	120mm	
M-2	…	…	…	…	…	…	…	…	
…	…	…	…	…	…	…	…	…	
门窗面积小计					…	…	…	…	
洞口面积小计					…	…	…	…	

2) 正确划分计算项目

工程计算项目可按以下划分(所列项目为示例，仅供参考)。

(1) 土石方工程。

① 人工平整场地。

② 竣工清理。

③ 基底钎探：基底每平方米设置1眼。

④ 人工挖地槽土方。

⑤ 人工挖松石。

⑥ 人工挖地坑土方。

⑦ 基础回填土(夯填)。

⑧ 室内回填土(夯填、松填)。

⑨ 余土外运。

⑩ 人工运石碴。

(2) 地基处理及防护工程。

① 基础3∶7灰土垫层。

② 地面C15混凝土垫层60mm厚。

(3) 砌筑工程(注意砂浆标号换算)。

① M5混合砂浆，MU30乱毛石基础。

② M5混合砂浆，MU7.5机制红砖240mm厚砌体。

③ M5混合砂浆，MU7.5机制红砖120mm厚砌体。

④ 钢筋砖过梁。

(4) 钢筋及混凝土工程。

① 现浇C20基础圈梁JQL-1、JQL-2。

② 现浇C25独立基础。

③ 现浇C25构造柱GZ-1。

④ 现浇C25矩形柱Z-1。

⑤ 现浇C25过梁GL-1、GL-2、GL-3。

⑥ 现浇C25花篮梁(异形梁)。

⑦ 现浇C25平板。

⑧ 现浇C25雨篷板(有梁板)。

⑨ 混凝土场外集中搅拌。

⑩ 混凝土运输车运输。

⑪ 各型号的现浇混凝土Ⅰ级钢筋(圆钢筋)和Ⅱ级钢筋(螺纹钢筋)。
⑫ 各型号的现浇混凝土箍筋。
⑬ 构造柱与墙体间的拉接筋。
⑭ 钢筋砖过梁中的钢筋。
(5) 门窗工程。
① M-1 自由门门框制作与安装。
② M-1 自由门门扇制作与安装。
③ M-2 玻璃镶板门门框制作与安装。
④ M-2 玻璃镶板门门扇制作与安装。
⑤ 普通门锁安装。
⑥ C-1、C-2、C-3 平开窗窗框制作与安装。
⑦ C-1、C-2、C-3 平开窗窗扇制作与安装。
⑧ 门配件安装，窗配件安装。
(6) 屋面防水保温工程。
① 防水砂浆(刚性防水)。
② 1∶12 现浇水泥珍珠岩保温层。
③ PVC 橡胶卷材防水层。
④ 墙裙防腐层。
⑤ 墙裙油毡层。
(7) 装饰工程。
① 楼地面工程。
a．找平层(地面找平层、屋顶找平层)。
b．水磨石地面面层。
c．水磨石地面嵌铜分隔条。
d．瓷砖地面面层。
② 墙柱面工程。
a．外墙白水泥水刷石墙面。
b．拼碎花岗石墙面。
c．内墙裙龙骨、基层板、饰面面层。
d．内墙面抹灰。
e．预制水磨石柱面。
f．门洞、漏窗洞马赛克贴面(零星项目)。
g．雨篷面砖贴面(零星项目)。
③ 顶棚工程。
a．顶棚抹灰。
b．顶棚织物软吊顶。
c．雨篷底面、门斗顶板抹灰。
④ 油漆涂料工程。
a．木门、木窗油漆。
b．内墙裙木方面防火涂料、墙裙硝基清漆。

c．内墙面刮仿瓷涂料。

d．雨篷底面、门斗顶板刷乳胶漆。

e．房间顶棚木压线刷清漆。

⑤ 配套装饰工程。

a．内墙裙木压线。

b．天棚木角线。

(8) 施工技术措施项目。

① 脚手架工程。

a．外脚手架(外墙、独立柱、梁)。

b．里脚手架。

c．垂直封闭。

② 建筑物垂直运输机械。

③ 构件运输及安装。

a．木门窗的运输。

b．预制板的运输。

c．预制板的安装。

d．预制板的灌缝。

④ 混凝土模板及支撑工程。

a．独立基础模板与支撑。

b．矩形柱 Z-1 模板与支撑。

c．构造柱 GZ-1 模板与支撑。

d．圈梁 JQL-1、JQL-2 模板与支撑。

e．过梁 GL-1、GL-2、GL-3 模板与支撑。

f．异形梁模板与支撑。

g．平板模板与支撑。

h．雨篷板(有梁板)模板与支撑。

3) 正确计算工程量

(1) 计算单位要求与定额工程量计算规则一致。

(2) 计量精度要求：数据保留 3 位小数，最终结果保留两位小数。

(3) 工程量计算顺序可按消耗量定额顺序(或施工顺序)进行计算。对同一分项工程，工程量计算可采用以下几种计算顺序。

① 按轴线编号计算，如砖墙等。

② 按构件编号计算，如门窗、钢筋、梁等。

③ 按顺时针方向计算，如挖沟槽等。

(4) 编制工程量计算表，样表见表 1-4。

表 1-4 工程量计算表(样表)

序号	项目名称	计算公式	单位	工程量	备注
1	人工场地平整	$S_{底}+2L_{外}+16=\cdots$	m^2	…	
2	…	…	…	…	

续表

序号	项目名称	计算公式	单位	工程量	备注
3	240mm 混水砖墙	$27.24\times2.8\times0.24-V_{门窗洞口}-V_{钢筋混凝土过梁}$	m^3	…	
4	120mm 混水砖墙	…	…	…	
…	…	…	…	…	

特别提示

表1-4中可不列出混凝土场外集中搅拌和混凝土运输车运输两个子目，在用套价软件套用定额项目时，可利用套价软件的关联子目自动生成，或借助于表1-5进行计算。

钢筋工程量先按构件的编号进行计算，然后再按钢筋类型、直径进行汇总。

4) 工程量汇总

(1) 先进行混凝土场外集中搅拌和混凝土运输车运输混凝土的工程量汇总计算，编制混凝土搅拌和混凝土运输工程量汇总表，样表见表1-5。

表1-5　混凝土搅拌和混凝土运输工程量汇总表(样表)

混凝土强度等级	项目名称	项目工程量	定额单位	定额混凝土材料用量	混凝土搅拌和混凝土运输工程量计算式	混凝土搅拌和混凝土运输工程量/m^3
C15	C15混凝土地面垫层60mm厚	…	$10\ m^3$	10.10	…	…
	小计				…	…
C20	JQL−1	…	…	10.15	…	…
	JQL−2	…	…	10.15	…	…
	小计				…	…
C25	GL	…	…	10.15	…	…
	平板	…	…	10.15	…	…
	雨篷板	…	…	10.15	…	…
	L	…	…	10.15	…	…
	GZ−1	…	…	10.00	…	…
	独立基础	…	…	10.15		
	Z−1	…	…	10.00	…	…
	…	…	…	…	…	…
	小计				…	…
混凝土搅拌和混凝土运输工程量					…	…

特别提示

表1-5中“定额混凝土材料用量”需要根据具体项目在消耗量定额中查找具体的消耗量数值。

(2) 按照消耗量定额中定额子目的编排顺序，分类列表统计整理工程量，保留必要的说明和计算过程，其样表见表1-6。

表 1-6 工程量汇总表(样表)

序号	定额编号	项目名称	单位	工程量	计算式或说明

特别提示

要在“项目名称”或“计算式或说明”中注明各分项工程的要素。例如，挖土方时，应写出挖土深度和土壤类别；运土方时，应写出运输工具和运距；预制和现浇混凝土工程，应写出混凝土强度等级；各种垫层、找平层、屋面及各类装饰做法，应写出材料种类、厚度和配合比；油漆、涂料，应写出相应的材料种类和遍数，等等。

5) 编制单位工程预算表

当施工图样的某些设计要求与单价的特征不完全符合时，必须根据消耗量定额使用说明对基价进行调整或换算，编制定额基价换算表，其样表见表 1-7。

表 1-7 定额基价换算表(样表)

换算定额编号	定额基价/元				换算要求	换算计算式	换算后定额基价/元			
	基价	人工费	材料费	机械费			基价	人工费	材料费	机械费

工程量计算完毕并核对无误后，用所得到的工程量套用《山东省建筑工程价目表》中相应的定额基价，将工程量和基价相乘后相加汇总，列出单位工程预算表，其样表见表 1−8。

表 1-8 单位工程预算表(样表)

序号	定额编号	项目名称	单位	工程量	省定额价/元		其中					
					单价	合价	人工费/元		材料费/元		机械费/元	
							单价	合价	单价	合价	单价	合价
一		第一章 土石方工程										
1	1-2-10	人工挖沟槽普通土深2m	$10m^3$	10	90.65	906.50	90.16	901.60	0	0	0.49	4.90
		…										
		小计										
二		第二章 地基处理与防护工程										
		…										
		小计										
三		第三章 砌筑工程										
		…										
		小计										
四		第四章 钢筋及混凝土工程										

续表

序号	定额编号	项目名称	单位	工程量	省定额价/元		其中					
							人工费/元		材料费/元		机械费/元	
					单价	合价	单价	合价	单价	合价	单价	合价
		…										
		小计										
		…										
		…										
九		第九章　装饰工程										
		…										
		小计										
十		第十章　施工技术措施项目										
		…										
		小计										
		建筑工程项目合计(第一章～第八章)										
		施工技术措施项目合计(第十章)										
		装饰工程项目合计(第九章)										

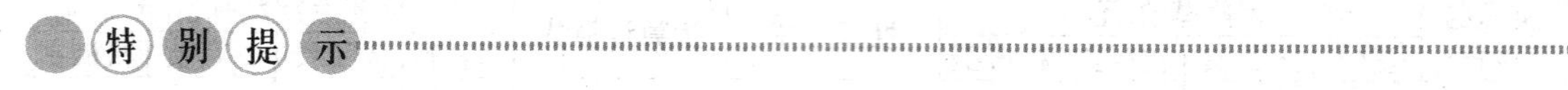

套用单价时需注意以下两点。

① 项目的名称、规格、计量单位必须与消耗量定额或价目表中所列内容一致，重套、错套、漏套都会引起预算基价偏差，导致施工图预算造价偏高或偏低。

② 进行了定额基价换算的项目应套用换算后的价格。

6) 进行工料机分析及汇总

工料机分析表的前半部分项目栏的填写与单位工程预算表基本相同，后半部分从上至下分别填写工料机名称及规格、单位、定额单位用量及工料机数量，其样表见表1-9。将各页的工料机合计汇总到单位工程工料机分析汇总表中，其样表见表1-10。

表1-9　工料机分析表(样表)

定额编号	项目名称	定额单位	工程量	综合工日		机制红砖 240mm×115mm×53mm		灰浆搅拌机	
				工日		千块		台班	
				定额单位用量	数量	定额单位用量	数量	定额单位用量	数量
3-1-14	M5混合砂浆混水砖墙240	$10m^3$	10	15.38	153.8	5.314	53.14	0.281	2.81
…	…	…	…	…	…	…	…	…	…
…	…	…	…	…	…	…	…	…	…
合计									

表 1-10　单位工程工料机分析汇总表(样表)

序号	工料机名称	用料范围	单位	数量	备注
1	综合工日	建筑工程	工日	1000	不分工种
2	机制红砖 240mm×115mm×53mm	建筑工程	千块	300	
…	…	…	…	…	
…	…	…	…	…	

7) 工料机差价计算

将表 1-10 中汇总的各种工料机名称和数量填入表 1-11 中，进行工料机差价的计算，即工料机差价=(工料机市场单价-工料机预算单价)×工料机定额含量。

表 1-11　工料机差价计算表

序号	工料机名称	单位	数量	预算单价/元	市场单价/元	单价差/元	差价合计/元
1	综合工日	工日	100	53.00	55.00	2.00	200.00
2	机制红砖 240mm×115mm×53mm	千块	100	168.01	250.00	81.99	8199.00
…	…	…	…	…	…	…	…
…	…	…	…	…	…	…	…
合计							

8) 编制取费程序表

对单位工程工程量的计算、汇总及对单位工程预算表的计算进行复核，以便及时发现差错，提高预算质量。复核时应对工程量的计算公式和结果、套用基价的计算基础和计算结果等方面是否正确进行全面复核。

按照建筑工程费用定额计价计算程序计算各项费用，编制取费计算表，见表 1-12 和表 1-13。

表 1-12　建筑工程费用定额计价计算程序表

序号	费用名称	计算方法	费用/元
一	直接费	(一)+(二)	
	(一) 直接工程费	$\sum${工程量×$\sum$[(定额工日消耗数量×人工单价)+(定额材料消耗数量×材料单价)+(定额机械台班消耗数量×机械台班单价)]}	
	计费基础 JF_1	按表 1-13 计算	
	(二) 措施费	1.1+1.2+1.3+1.4	
	1.1 参照定额规定计取的措施费	按定额规定计算	
	1.2 参照省发布费率计取的措施费	计费基础 JF_1×相应费率	
	1.3 按施工组织设计(方案)计取的措施费	按施工组织设计(方案)计取	
	1.4 总承包服务费	专业分包工程费(不包括设备费)×费率	
	计费基础 JF_2	按表 1-13 计算	

续表

序号	费用名称	计算方法	费用/元
二	企业管理费	$[JF_1+JF_2]$×管理费费率	
三	利润	$[JF_1+JF_2]$×利润率	
四	规费	4.1+4.2+4.3+4.4+4.5	
	4.1 安全文明施工费	(一+二+三)×费率	
	4.2 工程排污费	按工程所在地相关规定计算	
	4.3 社会保障费	(一+二+三)×费率	
	4.4 住房公积金	按工程所在地相关规定计算	
	4.5 危险作业意外伤害保险	按工程所在地相关规定计算	
五	税金	(一+二+三+四)×税率	
六	建筑工程费用合计	一+二+三+四+五	

表 1-13　计费基础及其计算方法

专业名称	计费基础		计算方法
建筑工程	计费基础 JF_1	直接工程费	∑(工程量×省基价)
装饰工程		人工费	∑[工程量×(定额工日消耗数量×省价人工单价)]
建筑工程	计费基础 JF_2	措施费	按照省价人、材、机单价计算的措施费与按照省发布费率及规定计取的措施费之和
装饰工程		人工费	按照省价人工单价计算的措施费中人工费和按照省发布费率及规定计算的措施费中人工费之和

9) 编制说明

编制说明是编制者向审核者交代编制方面的有关情况，包含以下几方面内容。

(1) 编制依据。

① 所编预算的工程名称及概况。

② 采用的图样名称和编号。

③ 采用的消耗量定额和建筑工程价目表。

④ 采用的费用定额。

⑤ 是按几类工程计取费用。

⑥ 采用了项目管理实施规划或施工组织设计方案中的哪些措施。

(2) 是否考虑了设计变更或图样会审记录的内容？

(3) 特殊项目的补充单价或补充定额的编制依据。

(4) 遗留项目或暂估项目有哪些？并说明原因。

(5) 存在的问题及以后处理的办法。

(6) 其他应说明的问题。

10) 编制预算书封面

常见的预算书封面如下所示。

建筑工程预算书

工程名称：________________　　工程地点：________________

建筑面积：________________　　结构类型：________________

工程造价：________________元　　单方造价：________________元/m^2

建设单位：________________　　施工单位：________________

（公章）　　（公章）

审批部门：________________　　编制人：________________

（公章）　　（印章）

年　月　日　　年　月　日

11) 施工图预算书装订顺序及注意事项

施工图预算书的装订顺序从上到下，其流程如图 1.1 所示。

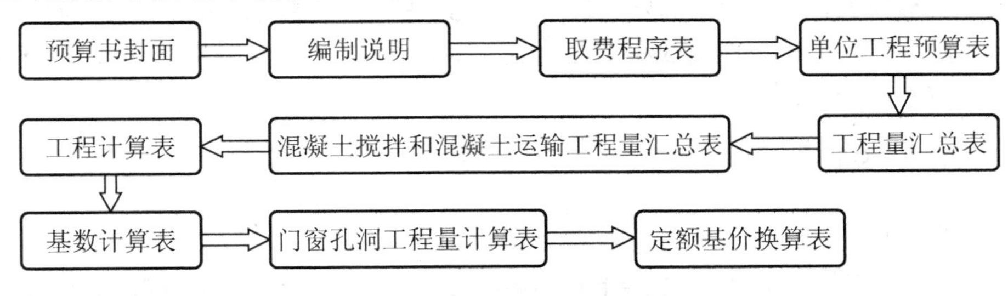

图 1.1　施工图预算书装订顺序

特别提示

预算书格式要工整规范，书写要清晰，其中预算书封面、编制说明、取费程序表、预算表必须用钢笔或黑色中性笔书写，其余部分可用铅笔书写，计算要准确，过程要完整，全部采用 A4 纸张。

任务 1.3　某接待室工程施工图设计文件(实例)

1.3.1　建筑设计说明

1. 工程概况

本工程为某单位单层砖混结构的接待室工程。室内地坪标高为±0.000m，室外地坪为−0.300m。

2. 地面做法

基层素土回填夯实，C15 混凝土地面垫层 80mm 厚，1∶2 水泥砂浆找平层 20mm 厚，面铺 400mm×400mm×10mm 浅色地砖，1∶2.5 水泥砂浆粘贴(室内地面与雨篷下地面做法相同)；1∶2.5 水泥砂浆粘贴瓷砖踢脚线，高 150mm；C15 混凝土散水，3∶7 灰土垫层。

3. 墙面工程

内墙面混合砂浆抹面，1∶0.3∶3 混合砂浆底 18mm 厚，1∶0.3∶3 混合砂浆面层 8mm 厚，面满刮腻子两遍、刷乳胶漆两遍。

天棚面混合砂浆抹面，1∶0.3∶3 混合砂浆底 12mm 厚，1∶0.3∶3 混合砂浆面层 5mm 厚，面满刮腻子两遍、刷乳胶漆两遍。

外墙面、梁柱面水刷石，1∶2.5 水泥砂浆底 15mm 厚，1∶2.5 水泥白石子浆面层 10mm 厚。

4. 门窗工程

M-1 为木平开门，面刷底漆一遍，调和漆两遍；M-2 为木门连窗，面刷底漆一遍，调和漆两遍；C1 为铝合金推拉窗(成品)，洞口尺寸如图 1.2 中的门窗表所示。

5. 屋面工程

预制空心板屋面，1∶3 水泥砂浆找平层 30mm 厚，水泥蛭石块保温层最薄处 80mm，保温材料兼做找坡层，屋面坡度 3%(单面找坡)，1∶3 水泥砂浆找平层 20mm 厚，SBS 改性沥青防水卷材单层 4mm 厚。

1.3.2 结构设计说明

1. 基础做法

M5 水泥砂浆砌砖基础，C20 混凝土基础垫层 200mm 厚，墙身在-0.060m 处做 1∶2 水泥砂浆防潮层(加 6%防水粉)20mm 厚。土质为普通土，人工挖土。

2. 墙柱做法

M5 混合砂浆砌砖墙、砖柱。

3. 现浇钢筋混凝土构件

圈梁为 C20 混凝土，断面尺寸为 240mm×200mm，钢筋为 HPB300，纵筋 4ϕ12，箍筋 ϕ6.5@200；矩形梁为 C20 混凝土，钢筋为 HRB335。各种现浇混凝土构件的钢筋保护层厚度均为 25mm。

4. 预制构件

预应力空心板：C30 混凝土，单块体积及钢筋质量如下。

YKB-3962，0.164m^3/块，6.57kg/块；

YKB-3362，0.139m^3/块，4.50kg/块；

YKB-3962，0.126m^3/块，3.83kg/块。

5. 过梁

图 1.1 中 M-2 上为钢筋混凝土现浇过梁，C20 混凝土，240mm×180mm，纵筋 4ϕ14，箍筋 ϕ6.5@200，长度为洞口宽度每边增加 250mm，其余洞口均为钢筋砖过梁，配筋为 2ϕ12。

1.3.3 某接待室施工图

某接待室建筑平面图、立面图、剖面图、屋面结构布置图、基础平面图、基础断面图及梁配筋图等，如图 1.2～图 1.5 所示。

3.600
2.400
0.900
±0.000
-0.300
-0.150
1
4
1 ~ 4 立面图

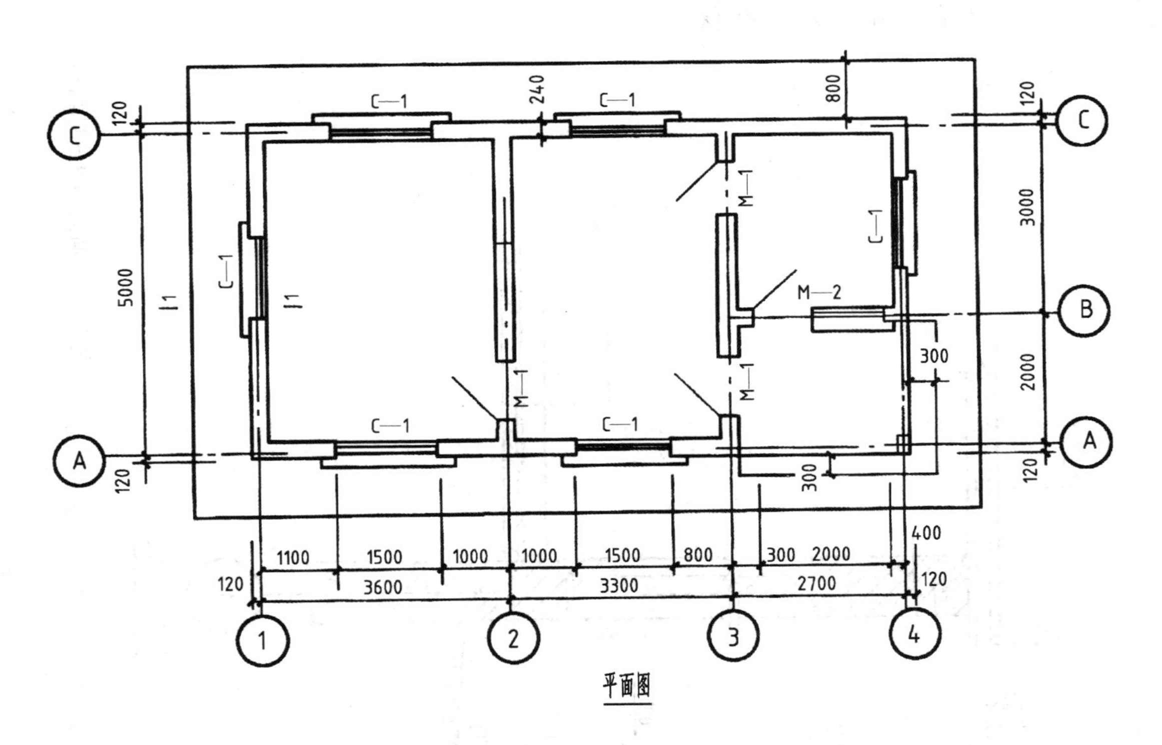
C—1
240
C—1
800
120
C
5000
M—1
C—1
M—2
B
300
3000
2000
M—1
A
120
300
1100
1500
1000
1000
1500
800
300
2000
400
120
3600
3300
2700
1
2
3
4
平面图

图 1.2 平面图、立面图

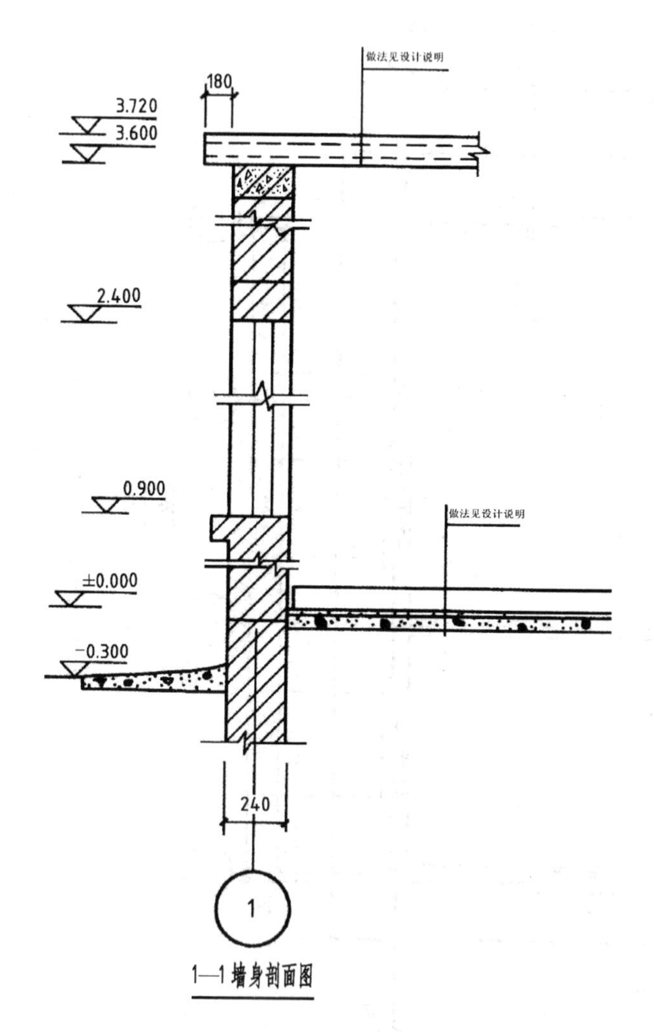

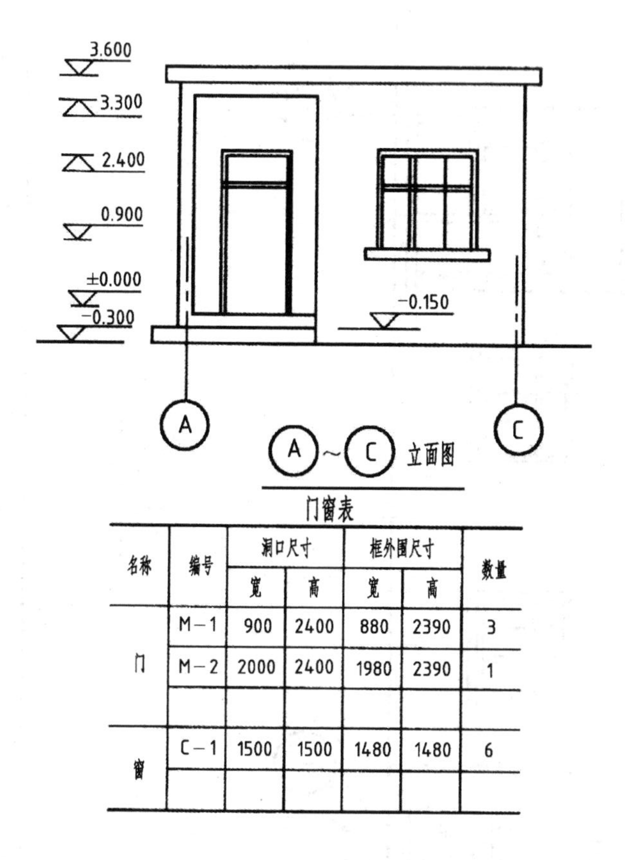

门窗表

名称	编号	洞口尺寸		框外围尺寸		数量
		宽	高	宽	高	
门	M-1	900	2400	880	2390	3
	M-2	2000	2400	1980	2390	1
窗	C-1	1500	1500	1480	1480	6

图1.3　立面图、墙身剖面图、门窗表

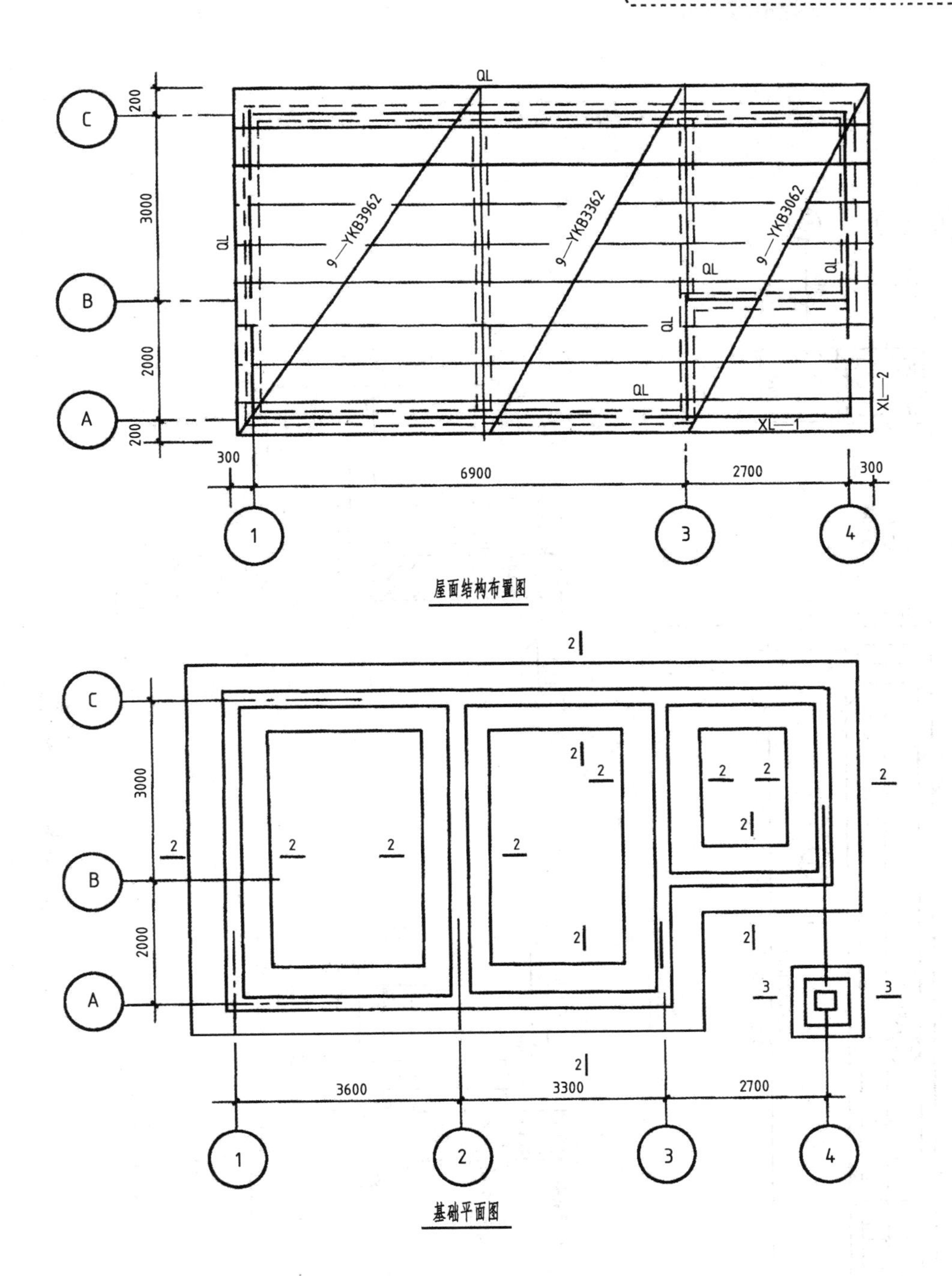

图1.4 屋面结构布置图、基础平面图

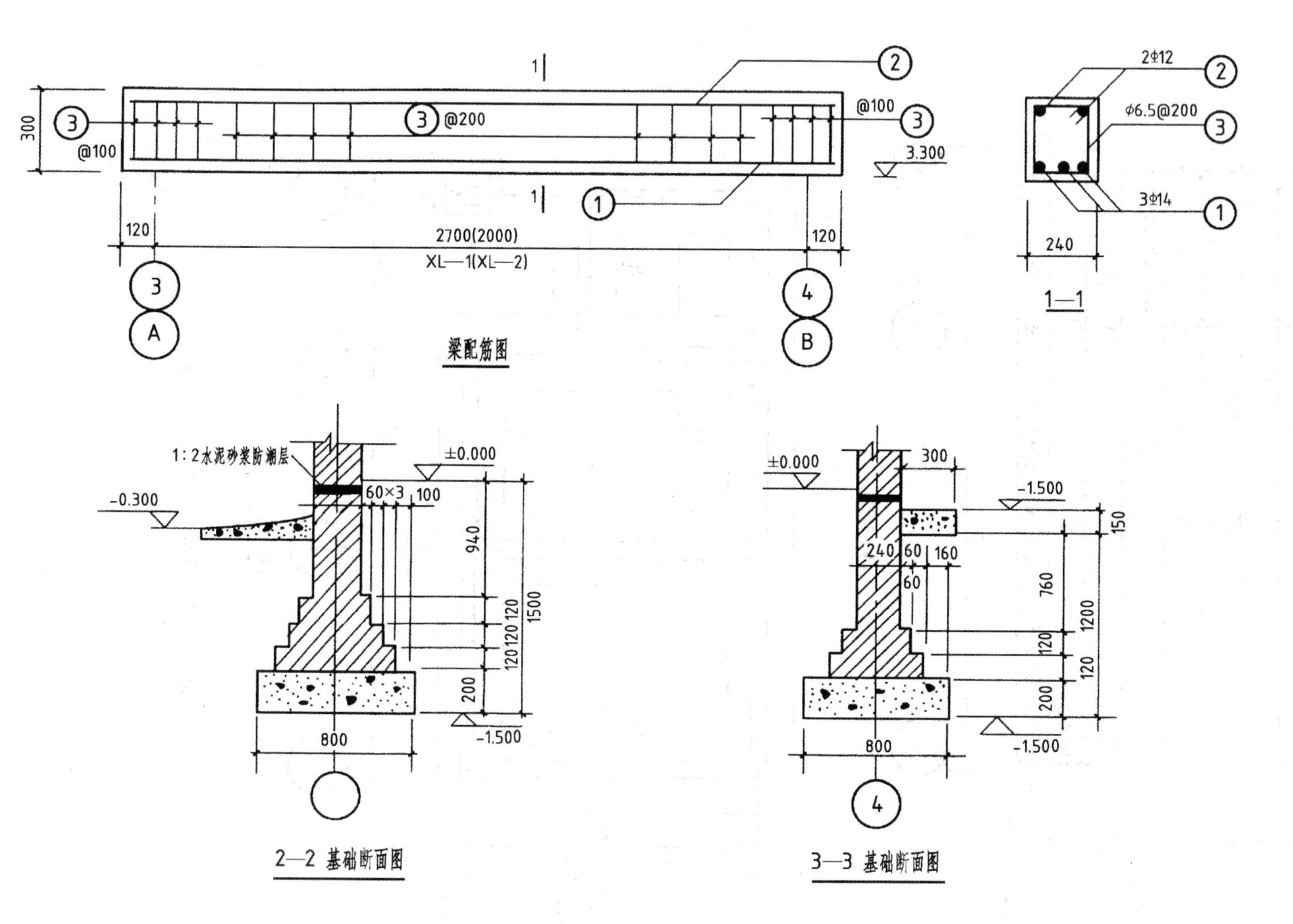

图1.5 梁配筋图、基础断面图

1.3.4 施工图预算书的编制

1. “四线两面”基数计算

计算外墙中心线长度$L_{中}$、内墙净长线长度$L_{内}$、内墙基础垫层净长线长度$L_{净}$、外墙外边线长度$L_{外}$、底层建筑面积$S_{底}$和房心净面积$S_{房}$，见表1-14。

表1-14　基数计算表

序号	基数名称	单位	数量	计算式
一	外墙中心线长度$L_{中}$	m	29.20	(5.0+3.6+3.3+2.7)×2
二	内墙净长线长度$L_{内}$	m	7.52	(5.0−0.24)+(3−0.24)
三	内墙垫层净长线长度$L_{净}$	m	6.40	(5.0−0.8)+(3.0−0.8)
四	外墙外边线长度$L_{外}$	m	30.16	(5.0+0.24)×2+(3.6+3.3+2.7+0.24)×2
五	底层建筑面积$S_{底}$	m^2	46.16	(3.6+3.3+2.7+0.24)×(5.0+0.24)−2.7×2.0
六	房心面积$S_{房}$	m^2	37.35	(5.0−0.24)×(3.6−0.24+3.3−0.24)+(2.7−0.24)×(3.0−0.24)

计算门窗及洞口工程量，编制门窗及洞口工程量计算表，见表1-15。

表1-15　门窗及洞口工程量计算表

门窗代号	洞口尺寸		每樘面积/m^2	总樘数	总面积/m^2	所在部位		备注
						外墙	内墙	
	宽/mm	高/mm				240mm	240mm	
M−1	900	2400	2.16	3	6.48	2.16	4.32	
M−2	2000	2400	3.90	1	3.90	3.90		门连窗
其中门	1000	2400	2.40					
其中窗	1000	1500	1.50					
C−1	1500	1500	2.25	6	13.50	13.50		
洞口小计					23.88	19.56	4.32	

2. 正确划分计算项目

工程量计算项目可按以下形式划分。

1) 土石方工程

(1) 人工平整场地。

(2) 竣工清理。

(3) 基底钎探，钎探灌砂：基底每平方米设置1眼。

(4) 人工挖沟槽土方。

(5) 人工挖地坑土方。

(6) 基础回填土(夯填)。

(7) 室内回填土(夯填)。

(8) 余土外运。

2) 地基处理及防护工程

(1) 基础C20混凝土垫层。

(2) 地面C15混凝土垫层。

3) 砌筑工程(注意砂浆强度等级换算)

(1) M5 水泥砂浆，砖基础。

(2) M5 混合砂浆，MU7.5 机制红砖 240mm 厚砖墙。

(3) M5 混合砂浆，MU7.5 机制红砖砖柱。

(4) 钢筋砖过梁。

(5) 砂浆用砂过筛用工。

4) 钢筋及混凝土工程

(1) 现浇混凝土 C20 圈梁。

(2) 现浇 C20 矩形梁。

(3) 现浇 C20 过梁。

(4) 混凝土场外集中搅拌。

(5) 混凝土运输车运输。

(6) 各型号的现浇混凝土Ⅰ级钢筋(圆钢筋)和Ⅱ级钢筋(螺纹钢筋)。

(7) 各型号的现浇混凝土箍筋。

(8) 钢筋砖过梁中的钢筋。

5) 门窗工程

(1) M-1 平开门门框制作与安装。

(2) M-1 平开门门扇制作与安装。

(3) M-2 门连窗框制作与安装。

(4) M-2 门连窗扇制作与安装。

(5) 普通门锁安装。

(6) C-1 铝合金推拉窗(成品)安装。

(7) 门配件安装；窗配件安装。

6) 屋面防水保温工程

(1) 基础防水砂浆防潮层。

(2) 水泥蛭石保温层。

(3) SBS 改性沥青防水卷材。

7) 构筑物及其他工程

只有混凝土散水。

8) 装饰工程

(1) 楼地面工程。

① 找平层(地面找平层、屋面找平层)。

② 400mm×400mm 地砖面层。

③ 瓷砖踢脚板。

④ 砂浆用砂过筛用工(下同)。

(2) 墙柱面。

① 外墙面水刷石。

② 内墙面抹灰。

③ 梁、柱面水刷石。

(3) 顶棚工程。

① 顶棚抹灰。

② 雨篷底面板抹灰。

(4) 油漆涂料工程。

① 木门、木窗油漆。

② 内墙面刮腻子、刷乳胶漆。

③ 雨篷底面和门斗顶板刮腻子、刷乳胶漆。

④ 顶棚刮腻子、刷乳胶漆。

9) 施工技术措施项目

(1) 脚手架工程。

① 外脚手架(外墙、独立柱、梁)。

② 里脚手架。

③ 垂直封闭。

(2) 建筑物垂直运输机械。

(3) 构件运输及安装。

① 木门窗的运输。

② 预制板的运输。

③ 预制板的安装。

④ 预制板的灌缝。

(4) 混凝土模板及支撑工程。

① 圈梁模板与支撑。

② 过梁 GL 模板与支撑。

③ 矩形梁模板与支撑。

3. 计算工程量

工程量计算表见表 1-16～表 1-18。

表 1-16 工程量计算表

序号	项目名称	计算公式	单位	工程量	备注
1	人工场地平整	$S_{底}+2L_{外}+16=46.16+2\times30.16+16=122.48$	m^2	122.48	
2	竣工清理	$S_{底}\times3.72=46.16\times3.72\approx171.72$	m^2	171.72	
3	人工挖沟槽土方	基槽断面积=$(0.8+2\times0.1)\times1.2=1.2(m^2)$ 挖沟槽=$1.2\times(L_{中}+L_{净})$ $=1.2\times(29.20+6.40)=42.72$	m^3	42.72	
4	人工挖地坑土方	$(0.8+2\times0.1)\times(0.8+2\times0.1)\times1.2=1.20$	m^3	1.20	
5	基底钎探 (钎探灌砂)	$(0.8+2\times0.1)\times(L_{中}+L_{净})+(0.8+2\times0.1)\times(0.8+2\times0.1)=36.60$ (钎探灌砂工程量=基底钎探工程量)	眼	37	取整数
6	基础回填土 (夯填)	$V_{挖}$−室外地坪以下基础及垫层体积=(42.72+1.2)−14.70(砖基础)−5.83(垫层)+(29.20+7.52)×0.3×0.24≈26.03 注：砖基础体积是自室内地坪计算的，所以需要再加上室内外高差 300mm 的基础体积	m^3	26.03	此项可在计算出基础体积之后计算
7	室内回填土 (夯填)	回填土厚度=300−80−20−10=190(mm) 房心面积 $S_{房}$×回填土厚度=37.35×0.19≈ 7.10	m^3	7.10	地砖厚按 10mm 计算

续表

序号	项目名称	计算公式	单位	工程量	备注
8	余土外运	42.72+1.20−(26.03+7.10)×1.15≈ 5.82 注：需要将回填土夯填体积乘以 1.15 换算为天然密实体积	m^3	5.82	正值为余土外运
9	基础 C20 混凝土垫层	条形基础垫层=($L_{中}+L_{净}$)×0.8×0.2 =(29.20+6.40)×0.8×0.2≈ 5.70 独立基础垫层=0.8×0.8×0.2≈ 0.13	m^3	5.83	
10	地面 C15 混凝土垫层	37.35×0.08+(2.7+0.3)×(2+0.3)×0.08=3.54	m^3	3.54	
11	M5 水泥砂浆，砖基础	砖基础断面积 =(1.5−0.2)×0.24+0.12×3×0.06×4≈ 0.398(m^2) 砖基础体积 =($L_{中}+L_{内}$)×0.398=(29.20+7.52)×0.398 ≈ 14.615 柱基础体积 =0.12×0.48×0.48+0.12×0.36×0.36+0.24×0.24×0.76≈ 0.087	m^3	14.70	
12	M5 混合砂浆，MU7.5 机制红砖 240mm 砖墙	［$L_{中}$×(h−0.12−0.2)−19.56］×0.24−V_{GL}(外墙) +[$L_{内}$×(h'−0.2)−4.32]×0.24(内墙)−$V_{砖GL}$ =(29.2×3.4−19.56)×0.24−0.11+(7.52×3.40−4.32)×0.24−1.71≈ 22.41	m^3	22.41	此项目可在计算出过梁体积后再算
13	M5 混合砂浆砖柱	0.24×0.24×(3.3+0.3)≈ 0.21	m^3	0.21	该柱为室外柱，高度自室外地坪算起
14	钢筋砖过梁	$V_{砖GL}$=［0.44×(0.9+0.5)×3+0.44×(1.5+0.5)×6］×0.24=1.71	m^3	1.71	11～14 项砌筑砂浆用砂过筛用工在表 1-22 中自动生成
15	现浇混凝土 C20 圈梁	0.24×0.2×($L_{中}+L_{内}$−0.24×2) =0.24×0.2×(29.20+7.52−0.48)≈ 1.74	m^3	1.74	
16	现浇 C20 矩形梁	XL−1：0.24×0.3×(2.7+0.24)=0.21 XL−2：0.24×0.3×2.0=0.144	m^3	0.35	
17	现浇 C20 过梁	V_{GL}=0.24×0.18×(2.0+0.25×2)≈ 0.11	m^3	0.11	
18	混凝土场外集中搅拌	C15：5.11 C20：8.13	m^3	C15：5.11 C20：8.13	此值在混凝土汇总表计算后填入
19	混凝土场外运输	C15：5.11 C20：8.13	m^3	C15：5.11 C20：8.13	
20	现浇混凝土Ⅰ级、Ⅱ级钢筋、箍筋质量的质量	GL：ϕ6.5：单根长度=(0.24+0.18)×2−0.05=0.79(m) 箍筋根数=[(2000+250×2)/200]+1≈ 14(根) 0.79×14×0.260≈ 2.876 ϕ14：4×(2.5−2×0.025+2×6.25×0.014)×1.208≈ 12.68 XL：ϕ6.5：8.84 Ⅱ级钢ϕ12：9.02 Ⅱ级钢ϕ14：18.41 QL：ϕ6.5：47.56 ϕ12：150.60	kg	箍筋 ϕ6.5： 59.28 Ⅰ级钢 ϕ12： 150.60 ϕ14： 12.68 Ⅱ级钢 ϕ12：9.02 ϕ14： 18.41	QL、XL 钢筋计算见表 1-17 和表 1-18

续表

序号	项目名称	计算公式	单位	工程量	备注
21	钢筋砖过梁中的钢筋	ϕ12： [2×(0.9+0.5+2×6.25×0.012)×3+(1.5+0.5+2×6.25×0.012)×6]×0.888=22.2×0.888≈ 20	kg	Ⅰ级钢 ϕ12：20	
22	M−1 平开门框制作与安装	0.9×2.4×3=6.48	m^2	6.48	
23	M−1 平开门门扇制作与安装	0.9×2.4×3=6.48	m^2	6.48	
24	M−2 门连窗框制作与安装 (M−2 门连窗扇制作与安装)	2×2.4−0.9×1.0=3.90 (扇制作与安装工程量=框制作与安装工程量)	m^2	3.90	
25	普通门锁安装	3+1=4	把	4	
26	C−1 铝合金推拉窗(成品)安装	1.5×1.5×6=13.50	m^2	13.50	
27	平开门配件	3	套	3	
28	门连窗配件	1	套	1	
29	基础防水砂浆防潮层	墙厚×($L_{中}$+$L_{内}$)=0.24×(29.20+7.52)≈ 8.81	m^2	8.81	
30	水泥蛭石保温层	保温层平均厚度 =(5+0.2×2)×3%×0.5+0.08=0.161(m) (5+0.2×2)×(6.9+2.7+0.3×2)×0.161≈ 8.87	m^3	8.87	
31	SBS 改性沥青防水卷材	(5+0.2×2)×(6.9+2.7+0.3×2)=55.08	m^2	55.08	
32	C15 混凝土散水	$L_{外}$×0.8+0.8×0.8×4−0.3×(2.0+2.7+0.3) ≈ 25.19	m^2	25.19	
33	地面找平层	$S_{房}$+入口处地面=37.35+6.9=44.25	m^2	44.25	
34	屋面找平层	(5+0.2×2)×(6.9+2.7+0.3×2)=55.08	m^2	55.08	
35	400×400 地砖面层	房心面积 $S_{房}$+门的开口部分=37.35+0.9×0.24×3+1×0.24≈ 38.24 入口处地面=(2.7+0.3)×(2.0+0.3)=6.90	m^2	45.14	
36	瓷砖踢脚板	内墙面 =［(5−0.24)×4+(3.6−0.24)×2+(3.3−0.24)×2+(2.7−0.24)×2+(3.0−0.24)×2−0.9×5−1.0×1］×0.15=(42.32−5.5)×0.15=36.82×0.15=5.523 门洞口侧壁 =(0.24−0.08)×(2+2+1+1)×0.15=0.144	m^2	5.67	门窗框以 8mm 计算
37	外墙面水刷石	$L_{外}$×(3.60+0.30)−19.56 =30.16×3.90−19.56≈ 98.06	m^2	98.06	19.56 为外墙面上门窗洞口面积
38	内墙面抹灰	42.32×3.6−0.9×2.4×5−3.9(*M*−2)=137.65	m^2	137.65	42.32 为内墙面周长，在第 36 项算出
39	梁、柱面水刷石	0.3×(2.7+2.0)+0.24×4×(0.15+3.3)≈ 4.72	m^2	4.72	
40	顶棚抹灰	房心面积 $S_{房}$	m^2	37.35	
41	雨篷底面板抹灰	(9.6+0.3×2)×2×0.08+(5+0.24)×2×0.18+2.7×2.0+(2.7−0.24+2−0.24)×0.3≈ 10.18	m^2	10.18	

续表

序号	项目名称	计算公式	单位	工程量	备注
42	木门、木窗油漆	木门=6.48+2.40=8.88 木窗=1.50	m^2	8.88 1.50	
43	内墙面刮腻子、刷乳胶漆	同内墙面抹灰	m^2	137.65	均同相应的抹灰项目
44	雨篷底面和门斗顶板刮腻子和刷乳胶漆	同雨篷底面板抹灰	m^2	10.18	均同相应的抹灰项目 33～44 项抹灰砂浆用砂过筛用工在表 1-22 中自运生成
45	外脚手架(外墙、独立柱、梁)	外墙脚手架=30.16×(0.3+3.72)≈ 121.243(单排外脚手架) 砖柱脚手架 =(0.24×4+3.6)×(0.15+3.3)=15.732(单排外脚手架) 梁脚手架=(2.7+2.0)×(0.3+3.6)=18.330(双排外脚手架)	m^2	单排 136.98 双排 18.33	按钢管脚手架考虑
46	里脚手架	7.52×3.6≈ 27.07	m^2	27.07	单墙面垂直投影面积按钢管脚手架考虑
47	垂直封闭	(30.16+1.50×8)×(0.3+3.72+1.5)≈ 232.72	m^2	232.72	1.5m 为定额规定的护栏高
48	木门窗的运输	0.88×2.39×3+(1.98×2.39−1×0.9)≈ 10.14	m^2	10.14	框外围面积
	铝合金窗的运输	1.48×1.48×6≈ 13.14	m^2	13.14	
49	预制板的运输	9×(0.164+0.139+0.126)≈ 3.86	m^2	3.86	板体积
50	预制板的安装	9×(0.164+0.139+0.126)≈ 3.86	m^2	3.86	板体积
51	预制板的灌缝	9×(0.164+0.139+0.126)≈ 3.86	m^2	3.86	板体积
52	圈梁模板与支撑	0.2×2×(29.20+7.52−0.48)≈ 14.50	m^2	14.50	圈梁两侧面支模，按复合木模板木支撑
53	过梁 GL 模板与支撑	(2.0+0.25×2)×(0.18×2+0.24)=1.50	m^2	1.50	过梁两侧面及洞口处梁底部，按复合木模板木支撑
54	矩形梁模板与支撑	(0.3×2+0.24)×(2.7+2.0+0.24)≈ 4.15	m^2	4.15	梁底面及两侧面，按复合木模板木支撑

表 1-17　XL 钢筋计算明细表

楼层名称：首层					钢筋总重：36.27kg				
筋号	级别	直径	钢筋图形	计算公式	根数	总根数	单长/m	总长/m	总重/kg
构件名称：XL-1[1]			构件数量：1		本构件钢筋重：20.54kg				
构件位置：<3，A>，<4，A>									
上部钢筋	ϕB	12	2890	2700+240−2×25	2	2	2.89	5.78	5.13
下部钢筋	ϕB	14	2890	2700+240−2×25	3	3	2.89	8.67	10.47
箍筋	ϕA	6.5	250 190	2×[(240−2×25)+(300−2×25)]+2×(75+1.9×d)—(8×d)	19	19	1	19	4.94

续表

楼层名称：首层					钢筋总重：36.27kg				
筋号	级别	直径	钢筋图形	计算公式	根数	总根数	单长/m	总长/m	总重/kg
构件名称：XL-1[2]			构件数量：1		本构件钢筋重：15.73kg				
构件位置：<4，A>，<4，B>									
上部钢筋	ϕB	12	2190	2000+240−2×25	2	2	2.19	4.38	3.89
下部钢筋	ϕB	14	2190	2000+240−2×25	3	3	2.19	6.57	7.94
箍筋	ϕA	6.5	250 190	2×[(240−2×25)+(300−2×25)]+2×(75+1.9×d)−(8×d)	15	15	1	15	3.9

表 1-18 QL 钢筋计算明细表

楼层名称：首层					钢筋总重：198.166kg				
筋号	级别	直径	钢筋图形	计算公式	根数	总根数	单长/m	总长/m	总重/kg
构件名称：QL-1[1]			构件数量：1 构件位置：<1，C>，<4，C>		本构件钢筋重：49.171kg				
箍筋	ϕ	6.5	170 210	2×[(240−2×15)+(200−2×15)]+2×(75+1.9×d)+(8×d)	48	48	0.99	47.52	12.341
钢筋	ϕ	12	9810	9840−15−15+12.5×d	2	2	9.96	19.92	17.685
钢筋	ϕ	12	147 9810 147	9360+31×d+31×d+12.5×d+528	2	2	10.8	21.60	19.145
构件名称：QL-1[2]			构件数量：1 构件位置：<4，C>，<4，B>		本构件钢筋重：16.998kg				
钢筋	ϕ	12	3477	3120−15+31×d+12.5×d	2	2	3.63	7.26	6.44
钢筋	ϕ	12	147 3477	2880+31×d+31×d+12.5×d	2	2	3.77	7.54	6.701
箍筋	ϕ	6.5	170 210	2×[(240−2×15)+(200−2×15)]+2×(75+1.9×d)+(8×d)	15	15	0.99	14.85	3.857
构件名称：QL-1[3]			构件数量：1 构件位置：<4，B>，<3，B>		本构件钢筋重：15.466kg				
钢筋	ϕ	12	147 3177	2580+31×d+31×d+12.5×d	2	2	3.47	6.94	6.169
钢筋	ϕ	12	147 2910 147	2460+31×d+31×d+12.5×d	2	2	3.35	6.70	5.955
箍筋	ϕ	6.5	170 210	2×[(240−2×15)+(200−2×15)]+2×(75+1.9×d)+(8×d)	13	13	0.99	12.87	3.342
构件名称：QL-1[4]			构件数量：1 构件位置：<3，B>，<3，A>		本构件钢筋重：11.735kg				

续表

楼层名称：首层					钢筋总重：198.166kg				
筋号	级别	直径	钢筋图形	计算公式	根数	总根数	单长/m	总长/m	总重/kg
钢筋	ϕ	12	147 2210 147	1760+31×d+31×d+12.5×d	2	2	2.65	5.31	4.713
钢筋	ϕ	12	147 2210	2000−15+31×d+12.5×d	2	2	2.51	5.01	4.452
箍筋	ϕ	6.5	170 210	2×[(240−2×15)+(200−2×15)]+2×(75+1.9×d)+(8×d)	10	10	0.99	9.87	2.571
构件名称：QL-1[5]	构件数量：1　构件位置：<3，A>，<1，A>				本构件钢筋重：35.733kg				
钢筋	ϕ	12	7377	7020+31×d−15+12.5×d	2	2	7.53	15.05	13.365
钢筋	ϕ	12	147 7377	6780+31×d+31×d+12.5×d	2	2	7.67	15.35	13.626
箍筋	ϕ	6.5	170 210	2×[(240−2×15)+(200−2×15)]+2×(75+1.9×d)+(8×d)	34	34	0.99	33.56	8.741
构件名称：QL-1[6]	构件数量：1　构件位置：<1，A>，<1，C>				本构件钢筋重：25.984kg				
钢筋	ϕ	12	5210	5240−15−15+12.5×d	2	2	5.36	10.72	9.517
钢筋	ϕ	12	147 5210 147	4760+31×d+31×d+12.5×d	2	2	5.65	11.31	10.039
箍筋	ϕ	6.5	170 210	2×[(240−2×15)+(200−2×15)]+2×(75+1.9×d)+(8×d)	25	25	0.99	24.68	6.428
构件名称：QL-1[7]	构件数量：1　构件位置：<2，C>，<2，A>				本构件钢筋重：26.506kg				
钢筋	ϕ	12	147 5210 147	4760+31×d+31×d+12.5×d	4	4	5.65	22.62	20.079
箍筋	ϕ	6.5	170 210	2×[(240−2×15)+(200−2×15)]+2×(75+1.9×d)+(8×d)	25	25	0.99	24.68	6.428
构件名称：QL-1[8]	构件数量：1　构件位置：<3，C>，<3，B>				本构件钢筋重：16.572kg				
钢筋	ϕ	12	147 3210 147	2760+31×d+31×d+12.5×d	2	2	3.65	7.31	6.488
钢筋	ϕ	12	147 3210	3000+31×d−15+12.5×d	2	2	3.51	7.01	6.227
箍筋	ϕ	6.5	170 210	2×[(240−2×15)+(200−2×15)]+2×(75+1.9×d)+(8×d)	15	15	0.99	14.85	3.857

4. 工程量汇总

(1) 先进行混凝土场外集中搅拌和混凝土运输车运输的工程量汇总计算，编制混凝土搅拌和混凝土运输工程量汇总表，见表1-19。

表 1-19 混凝土搅拌和混凝土运输工程量汇总表

混凝土强度等级	项目名称	项目工程量/m^3	定额单位	定额混凝土材料用量/m^3	搅拌和混凝土运输工程量计算式	搅拌和混凝土运输工程量/m^3
C15	C15 混凝土地面垫层 80mm 厚	3.54	10 m^3	10.1	3.54÷10×10.1≈ 3.58	3.58
	C15 混凝土散水	25.19	10 m^2	0.606	25.19÷10×0.606≈ 1.53	1.53
	小计					5.11
C20	圈梁	1.74	10 m^3	10.15	1.74÷10×10.15≈ 1.77	1.77
	过梁	0.11	10 m^3	10.15	0.11÷10×10.15≈ 0.11	0.11
	矩形梁	0.35	10 m^3	10.15	0.35÷10×10.15≈ 0.36	0.36
	基础混凝土垫层	5.83	10 m^3	10.1	5.83÷10×10.1≈ 5.89	5.89
	小计					8.13

(2) 按照消耗量定额中子目的编排顺序，分类列表统计整理工程量，见表 1-20。

表 1-20 工程量汇总表

序号	定额编号	项目名称	单位	工程量	备注
1	1-4-1	人工场地平整	m^2	122.48	人工
2	1-4-3	竣工清理	m^2	171.72	
3	1-2-10	人工挖沟槽土方	m^3	42.72	普通土，深 2m 以内
4	1-2-16	人工挖地坑土方	m^3	1.20	普通土，深 2m 以内
5	1-4-4	基底钎探	眼	37	
6	1-4-17	钎探灌砂	眼	37	
7	1-4-12	基础回填土(夯填)	m^3	26.03	
8	1-4-10	室内回填土(夯填)	m^3	7.10	
9	1-2-43	余土外运	m^3	5.82	运距按 20m 计
10	2-1-13 (换)	条形基础 C20 混凝土垫层	m^3	5.70	人工、机械要乘系数；混凝土标号要换算 C20
11	2-1-13 (换)	独立基础 C20 混凝土垫层	m^3	0.13	人工、机械要乘系数；混凝土标号要换算 C20
12	2-1-13	地面 C15 混凝土垫层	m^3	3.54	
13	3-1-1	M5 水泥砂浆，砖基础	m^3	14.70	
14	3-1-14	M5 混合砂浆，MU7.5 机制红砖 240mm 砖墙	m^3	22.41	
15	3-1-2	M5 混合砂浆砖柱	m^3	0.21	
16	3-1-25	钢筋砖过梁	m^3	1.71	
17	4-2-26	现浇混凝土 C20 圈梁	m^3	1.74	混凝土标号要换算 C20
18	4-2-24	现浇 C20 矩形梁	m^3	0.35	混凝土标号要换算 C20
19	4-2-27	现浇 C20 过梁	m^2	0.11	混凝土标号要换算 C20
20	4-4-2	C15、C20 混凝土场外集中搅拌	m^3	13.24	搅拌量按 25m^3/h

续表

序号	定额编号	项目名称	单位	工程量	备注
21	4-4-3	C13、C20 混凝土场外运输	m^3	13.24	混凝土运距按 5km 计算
22	4-1-52	箍筋 ϕ 6.5	kg	59.28	
23	4-1-5	Ⅰ级钢 ϕ 12	kg	170.60	QL，砖过梁钢筋
24	4-1-6	Ⅰ级钢 ϕ 14	kg	14.25	
25	4-1-13	Ⅱ级钢 ϕ 12	kg	9.02	
26	4-1-14	Ⅱ级钢 ϕ 14	kg	18.41	
27	5-1-9	M-1 平开门门框制作	m^2	6.48	
28	5-1-10	M-1 平开门门框安装	m^2	6.48	
29	5-1-57	M-1 平开门门扇制作	m^2	6.48	
30	5-1-58	M-1 平开门门扇安装	m^2	6.48	
31	5-1-31	M-2 门连窗框制作	m^2	3.90	
32	5-1-32	M-2 门连窗框安装	m^2	3.90	
33	5-1-99	M-2 门连窗扇安装	m^2	3.90	
34	5-1-100	M-2 门连窗扇安装	m^2	3.90	
35	5-1-110	普通门锁安装	把	4	
36	5-5-4	C-1 铝合金推拉窗(成品)安装	m^2	13.50	铝合金窗以成品计
37	5-9-1	门配件	套	3	
38	5-9-12	门连窗配件	套	1	
39	6-2-5	基础防水砂浆防潮层	m^2	8.81	
40	6-3-6	水泥蛭石保温层	m^3	8.87	
41	6-2-30	SBS 改性沥青防水卷材	m^2	55.08	
42	8-7-49	混凝土散水	m^2	25.19	
43	9-1-1	地面找平层 20mm 厚	m^2	44.25	
44	9-1-1	屋面找平层 30mm 厚	m^2	55.08	
45	9-1-2	屋面找平层 20mm 厚	m^2	55.08	
46	9-1-112	400mm×400mm 地砖面层	m^2	45.14	
47	9-1-172	瓷砖踢脚板	m^2	5.67	
48	9-2-74	外墙面水刷石	m^2	98.06	
49	9-2-31	内墙面抹灰	m^2	137.65	
50	9-2-76	梁、柱面水刷石	m^2	4.72	
51	9-3-6	顶棚抹灰(混合砂浆)	m^2	37.35	
52	9-3-6	雨篷底面板抹灰	m^2	10.81	
53	9-4-1	木门油漆	m^2	8.88	底漆一遍，调和漆两遍
54	9-4-2	木窗油漆	m^2	1.50	底漆一遍，调和漆两遍
55	9-4-260	内墙面刮腻子	m^2	137.65	
56	9-4-152	内墙面刷乳胶漆	m^2	137.65	
57	9-4-262	雨篷底面门斗顶板刮腻子	m^2	10.18	
58	9-4-151	雨篷底面门斗顶板刷乳胶漆	m^2	10.18	
59	10-1-102	单排外脚手架	m^2	136.98	
60	10-1-103	双排外脚手架	m^2	18.33	
61	10-1-21	单排里脚手架	m^2	27.07	

续表

序号	定额编号	项目名称	单位	工程量	备注
62	10-1-51	垂直封闭	m^2	232.72	
63	10-3-37	木门窗的运输	m^2	10.14	
64	10-3-40	铝合金窗的运输	m^2	13.14	
65	10-3-2	预制板的运输	m^2	3.86	I 类预制混凝土构件
66	10-3-164	预制板的安装	m^2	3.86	
67	10-3-170	预制板的灌缝	m^2	3.86	
68	10-4-126	圈梁模板与支撑	m^2	14.50	
69	10-4-117	过梁 GL 模板与支撑	m^2	1.50	
70	10-4-113	矩形梁模板与支撑	m^2	4.15	

5. 编制单位工程预算表

(1) 编制定额基价换算表，见表 1-21。

表 1-21　定额基价换算表

换算定额编号	定额基价/元				换算要求	换算计算式	换算后定额基价/元			
	基价	人工费	材料费	机械费			基价	人工费	材料费	机械费
2-1-13	2045.26	541.13	1853.53	10.60	混凝土标号换为 C20；人工机械乘系数 1.05	541.13×1.05+1853.53+10.10×(199.93−181.34)+10.60×1.05	2620.61	568.19	2041.29	11.13
4-2-24	2965.04	690.06	2267.43	7.55	混凝土标号换为 C20	2267.43+10.15×(−219.42+205.16)	2820.30	690.06	2122.69	7.55
4-2-26	3431.04	1145.33	2278.16	7.55	混凝土标号换为 C20	2278.16+10.15×(−219.42+205.16)	3286.30	1145.33	2133.42	7.55
4-2-27	3606.10	1251.33	2347.22	7.55	混凝土标号换为 C20	2347.22+10.15×(−219.42+205.16)	3461.36	1251.33	2202.48	7.55
…	…									

(2) 编制建筑工程预算表，见表 1-22。

表 1-22　建筑工程单位工程预算表

序号	定额编码	子目名称	单位	数量	单价/元	合价/元	其中		
							人工合价/元	材料合价/元	机械合价/元
1	1-2-10	人工挖沟槽普通土深 2m 内	$10m^3$	4.272	171.15	731.15	729.06		2.09
2	1-2-16	人工挖地坑普通土深 2m 内	$10m^3$	0.12	190.63	22.88	22.71		0.17
3	1-2-43	人工运土方 20m 内	$10m^3$	0.582	103.88	60.46	60.46		

续表

序号	定额编码	子目名称	单位	数量	单价/元	合价/元	其中		
							人工合价/元	材料合价/元	机械合价/元
4	1-4-1	人工场地平整	$10m^2$	12.248	33.39	408.96	408.96		
5	1-4-3	竣工清理	$10m^3$	17.172	8.48	145.62	145.62		
6	1-4-4	基底钎探	10眼	3.7	60.42	223.55	223.55		
7	1-4-10	人工夯填土(地坪)	$10m^3$	0.71	85.48	60.69	60.21	0.48	
8	1-4-12	槽、坑人工夯填土	$10m^3$	2.603	106.68	277.69	275.92	1.77	
9	1-4-17	钎探灌砂	10眼	3.7	2.19	8.1	4.33	3.77	
10	2-1-13换	C154 现浇无筋混凝土垫层条形基础机械×1.05，人工×1.05 换为C204 现浇混凝土碎石<40	$10m^3$	0.57	2620.61	1493.75	323.87	1163.54	6.34
11	2-1-13换	C154 现浇无筋混凝土垫层独立基础 机械×1.1， 人工×1.1 换为C204 现浇混凝土碎石<40	$10m^3$	0.013	2648.19	34.43	7.74	26.54	0.15
12	2-1-13	C154 现浇无筋混凝土垫层	$10m^3$	0.354	2405.26	851.46	191.56	656.15	3.75
13	3-1-1	M5.0 砂浆砖基础	$10m^3$	1.47	2605.28	3829.76	948.94	2840.38	40.44
14	3-1-2	M5.0 混浆矩形砖柱周长1.2m内	$10m^3$	0.021	3461.48	72.69	29.56	42.65	0.48
15	3-1-14换	M2.5 混浆混水砖墙240 换为M5.0 混浆	$10m^3$	2.241	2809.78	6296.72	1826.73	4411.25	58.74
16	3-1-25	M5.0 混浆砖过梁	$10m^3$	0.171	3470.71	593.49	190.5	397.48	5.5
17	3-5-6	砂浆用砂过筛	$10m^3$	0.916	159	145.64	145.64		
18	4-1-5	现浇构件圆钢筋 ϕ12	t	0.171	5192.59	887.93	83.73	787.77	14.36
19	4-1-6	现浇构件圆钢筋 ϕ14	t	0.014	5102.57	72.71	5.97	65.67	1.07
20	4-1-13	现浇构件螺纹钢筋 ϕ12	t	0.009	5236.1	47.12	4.42	41.83	0.87
21	4-1-14	现浇构件螺纹钢筋 ϕ14	t	0.018	5103.4	93.9	7.7	84.61	1.59
22	4-1-52	现浇构件箍筋 ϕ6.5	t	0.06	6178.62	370.72	88.94	279.18	2.6
23	4-2-24换	C253 现浇单梁、连续梁换为C203 现浇混凝土碎石<31.5	$10m^3$	0.035	2820.3	98.71	24.15	74.29	0.26
24	4-2-26换	C253 现浇圈梁换为C203 现浇混凝土碎石<31.5	$10m^3$	0.174	3286.3	571.82	199.29	371.22	1.31

续表

序号	定额编码	子目名称	单位	数量	单价/元	合价/元	其中		
							人工合价/元	材料合价/元	机械合价/元
25	4-2-27换	C253现浇过梁 换为C203 现浇混凝土碎石<31.5	$10m^3$	0.011	3461.36	38.07	13.76	24.23	0.08
26	4-4-2	场外集中搅拌混凝土 $25m^3/h$	$10m^3$	1.324	242.37	320.9	56.14	29.13	235.63
27	4-4-3	混凝土运输车运混凝土5km内	$10m^3$	1.324	296.35	392.37			392.37
28	5-1-9	单扇带亮木门框制作	$10m^2$	0.648	444.57	288.08	29.54	254.19	4.35
29	5-1-10	单扇带亮木门框安装	$10m^2$	0.648	151.43	98.13	50.49	47.53	0.11
30	5-1-31	连窗木门框制作	$10m^2$	0.39	410.4	160.06	33.28	123.7	3.07
31	5-1-32	连窗木门框安装	$10m^2$	0.39	73.79	28.78	17.36	11.36	0.05
32	5-1-57	单扇带亮纤维板门扇制作	$10m^2$	0.648	781.67	506.52	81.4	406.59	18.53
33	5-1-58	单扇带亮纤维板门扇安装	$10m^2$	0.648	109.07	70.68	52.55	18.13	
34	5-1-99	双扇门连窗门窗扇制作	$10m^2$	0.39	632.35	246.62	33.69	206.74	6.19
35	5-1-100	双扇门连窗门窗扇安装	$10m^2$	0.39	215.48	84.04	39.27	44.76	
36	5-1-110	普通门锁安装	10把	0.4	940.87	376.35	16.75	359.6	
37	5-5-4	铝合金推拉窗安装	$10m^2$	1.35	3577.79	4830.02	350.6	4478.98	0.45
38	5-9-1换	单扇带亮木门配件	10樘	0.3	336.64	100.99		100.99	
39	5-9-12换	双扇门连窗配件	10樘	0.1	687	68.7		68.7	
40	6-2-5	基础防水砂浆防潮层20	$10m^2$	0.881	131.83	116.14	50.43	62.84	2.87
41	6-2-30	平面一层SBS改性沥青卷材满铺	$10m^2$	5.51	437.36	2409.85	116.81	2293.04	
42	6-3-6	混凝土板上水泥蛭石块	$10m^3$	0.887	3552.53	3151.09	263.73	2887.36	
43	8-7-49	混凝土散水3∶7灰土垫层	$10m^2$	2.52	549.46	1384.64	498.18	870.33	16.13
44	10-1-21	单排里钢管脚手架3.6m内	$10m^2$	2.707	36.85	99.75	55.95	16.51	27.29
45	10-1-51	密目网垂直 封闭	$10m^2$	23.272	103.56	2410.05	209.68	2200.37	
46	10-1-102	单排外钢管脚手架6m内	$10m^2$	13.698	58.12	796.13	304.92	378.2	113.01
47	10-1-103	双排外钢管脚手架6m内	$10m^2$	1.833	77.23	141.56	55.37	67.71	18.48
48	10-3-2	Ⅰ类预制构件运输5km内	$10m^3$	0.386	1473.46	568.76	86.74	10.26	471.75

续表

序号	定额编码	子目名称	单位	数量	单价/元	合价/元	其中		
							人工合价/元	材料合价/元	机械合价/元
49	10-3-37	木门窗运输 5km 内	$10m^2$	1.014	34.78	35.27	6.45		28.82
50	10-3-40	铝合金塑钢门窗运输 5km 内	$10m^2$	1.314	49.91	65.58	4.18	45.5	15.9
51	10-3-164	$0.6m^3$ 内空心板轮胎吊安装	$10m^3$	0.386	5027.87	1940.76	71.19	1762.63	106.93
52	10-3-170	空心板灌缝	$10m^3$	0.386	1239.6	478.49	207.24	265.1	6.15
53	10-4-113	单梁连续梁复合木模板木支撑	$10m^2$	0.415	460.61	191.15	95.46	86.1	9.59
54	10-4-117	过梁复合木模板木支撑	$10m^2$	0.15	503.31	75.5	40.62	31.91	2.96
55	10-4-126	圈梁复合木模板木支撑	$10m^2$	1.45	277.52	402.4	239	147.99	15.41
		合计				39275.31	9090.34	28549.06	1635.84

(3) 编制装饰装修工程预算表，见表 1-23。

表 1-23　装饰装修工程单位工程预算表

序号	定额编码	子目名称	单位	数量	单价/元	合价/元	其中		
							人工合价/元	材料合价/元	机械合价/元
1	9-1-1 换	1∶3 砂浆硬基层上找平层20mm 换为水泥砂浆 1∶2	$10m^2$	4.425	104.83	463.87	182.93	266.92	14.03
2	9-1-1	1∶3 砂浆硬基层上找平层 20mm	$10m^2$	5.51	96.92	534.03	227.78	288.78	17.47
3	9-1-3	1∶3 砂浆找平层 ±5mm	$10m^2$	11.02	20.18	222.38	81.77	131.36	9.26
4	9-1-2	1:3 砂浆填充料上找平层 20mm	$10m^2$	5.51	105.74	582.63	233.62	327.4	21.6
5	9-1-112	全瓷地板砖楼地面 1600 内	$10m^2$	4.514	798.19	3603.03	784.71	2772.5	45.82
6	9-1-172	1∶2.5 砂浆全瓷地板砖直形踢脚板	$10m^2$	0.567	729.07	413.38	154.58	253.05	5.76
7	9-2-31 换	砖墙面墙裙混合砂浆 14+6 换为混合砂浆 1∶0.3∶3，换为混合砂浆 1∶0.3∶3	$10m^2$	13.765	132.01	1817.12	999.48	767.54	50.1

续表

序号	定额编码	子目名称	单位	数量	单价/元	合价/元	其中		
							人工合价/元	材料合价/元	机械合价/元
8	9-2-57换	1∶1∶4 混合砂浆抹灰层±1 换为混合砂浆 1∶0.3∶3	$10m^2$	8.259	5.2	42.95	17.51	23.87	1.57
9	9-2-74换	砖混凝土墙面水刷白石子12+10 换为水泥砂浆 1∶2.5，换为水泥白石子浆 1∶2.5	$10m^2$	9.806	309.66	3036.53	1969.73	1028.36	38.44
10	9-2-103	1∶2.5 水泥砂浆装饰抹灰±1	$10m^2$	2.942	5.97	17.56	7.8	9.21	0.56
11	9-2-76换	柱面水刷白石子12+10 换为水泥砂浆 1∶2.5，换为水泥白石子浆 1∶2.5	$10m^2$	0.472	370.5	174.88	121.58	51.5	1.8
12	9-2-103	1∶2.5 水泥砂浆装饰抹灰±1	$10m^2$	0.142	5.97	0.85	0.38	0.44	0.03
13	9-3-6换	预制混凝土顶棚混合砂浆勾缝换为混合砂浆 1∶0.3∶3	$10m^2$	3.735	20.93	78.17	71.26	6.57	0.34
14	9-3-6换	预制混凝土顶棚混合砂浆勾缝换为混合砂浆 1∶0.3∶3	$10m^2$	1.018	20.93	21.31	19.42	1.79	0.09
15	9-4-1	底油一遍调合漆两遍，单层木门	$10m^2$	0.888	183.52	162.97	83.3	79.66	
16	9-4-2	底油一遍调合漆两遍，单层木窗	$10m^2$	0.15	168.6	25.29	14.07	11.22	
17	9-4-151	室内顶棚刷乳胶漆两遍	$10m^2$	1.018	73.61	74.93	20.5	54.43	
18	9-4-152	室内墙柱光面刷乳胶漆两遍	$10m^2$	13.765	67.8	933.27	233.45	699.81	
19	9-4-260	内墙抹灰面满刮腻子两遍	$10m^2$	13.765	68.54	943.45	350.87	592.58	
20	9-4-262	顶棚抹灰面满刮腻子两遍	$10m^2$	1.018	72.66	73.97	28.92	45.05	
合计						13222.57	5603.66	7412.04	206.87

6. 编制取费程序表

建筑工程类别：根据工程性质、规模(民用建筑，砖混结构，檐高3.72m，面积46.16m^2)确定属于Ⅲ类工程；装饰工程类别：接待室属于民用建筑工程中的公共建筑，属于Ⅱ类工程。

工程所在地为济南，查表确定各项费率，编制建筑工程、装饰装修工程费用表，见表1-24和表1-25。

表1-24　建筑工程费用表

行号	序号	费用名称	费率/(%)	计算方法	费用金额/元
1	一	直接费		(一)+(二)	39996.88
2	(一)	直接工程费		∑工程量×∑[(定额工日消耗量×人工单价)+(定额材料消耗量×材料单价)+(定额机械台班消耗量×机械台班单价)]	32069.91
3	(一)′	计费基础JF1		∑(工程量×省基价)	32069.91
4	(二)	措施费		1.1+1.2+1.3+1.4	7926.97
5	1.1	参照定额规定计取的措施费		按定额规定和现行价格计算	7205.4
6	1.2	参照费率计取的措施费		(1)+(2)+(3)+(4)	721.57
7	(1)	夜间施工费	0.7	计费基础JF1×费率	224.49
8	(2)	二次搬运费	0.6	计费基础JF1×费率	192.42
9	(3)	冬雨季施工增加费	0.8	计费基础JF1×费率	256.56
10	(4)	已完工程及设备保护费	0.15	计费基础JF1×费率	48.1
11	1.3	按施工组织设计(方案)计取的措施费		按施工组织设计(方案)计取	
12	1.4	总承包服务费	3	专业分包工程费(不包括设备费)×费率	
13	(二)′	计费基础JF2		∑措施费中1.1、1.2、1.3中省价措施费	7926.97
14	二	企业管理费	5	(JF1+JF2)×管理费费率	1999.84
15	三	利润	3.1	(JF1+JF2)×利润率	1239.9
16	四	规费		4.1+4.2+4.3+4.4+4.5	2736.87
17	4.1	安全文明施工费		(1)+(2)+(3)+(4)	1348.98
18	(1)	安全施工费	2	(一+二+三)×费率	864.73
19	(2)	环境保护费	0.11	(一+二+三)×费率	47.56
20	(3)	文明施工费	0.29	(一+二+三)×费率	125.39
21	(4)	临时设施费	0.72	(一+二+三)×费率	311.3
22	4.2	工程排污费	0.26	(一+二+三)×费率(按环保部门有关规定计算)	112.42
23	4.3	社会保障费	2.6	(一+二+三)×费率(按建安工程量2.6%计算)	1124.15

续表

行号	序号	费用名称	费率/(%)	计算方法	费用金额/元
24	4.4	住房公积金	0.2	(一+二+三)×费率(按工程所在地相关规定计算)	86.47
25	4.5	危险作业意外伤害保险	0.15	(一+二+三)×费率(按工程所在地相关规定计算)	64.85
26	五	税金	3.48	(一+二+三+四)×税率	1599.88
27	六	建筑工程造价		一+二+三+四+五	47573.37

表 1-25 装饰装修工程费用表

行号	序号	费用名称	费率/(%)	计算方法	费用金额/元
1	一	直接费		(一)+(二)	13920.44
2	(一)	直接工程费		$\sum$工程量×$\sum$[(定额工日消耗量×人工单价)+(定额材料消耗量×材料单价)+(定额机械台班消耗量×机械台班单价)]	13222.57
3	(一)′	计费基础 JF1		$\sum$[工程量×(定额工日消耗量×省价人工单价)]	5603.66
4	(二)	措施费		1.1+1.2+1.3+1.4	697.87
5	1.1	参照定额规定计取的措施费		按定额规定和现行价格计算	
6	1.1.1	参照定额规定计取的措施费中省人工费			
7	1.2	参照费率计取的措施费		(1)+(2)+(3)+(4)	697.87
8	(1)	夜间施工费	4	计费基础 JF1×费率	224.15
9	(2)	二次搬运费	3.6	计费基础 JF1×费率	201.73
10	(3)	冬雨季施工增加费	4.5	计费基础 JF1×费率	252.16
11	(4)	已完工程及设备保护费	0.15	省直接工程费×费率	19.83
12	1.2.1	其中：人工费			137.59
13	1.3	按施工组织设计(方案)计取的措施费		按施工组织设计(方案)计取	
14	1.3.1	按施工组织设计(方案)计取的措施费中省人工费			
15	1.4	总承包服务费	3	专业分包工程费(不包括设备费)×费率	
16	(二)′	计费基础 JF2		$\sum$措施费中 1.1、1.2、1.3 中省价措施费	137.59
17	二	企业管理费	81	(JF1+JF2)×管理费费率	4650.41
18	三	利润	22	(JF1+JF2)×利润率	1263.08
19	四	规费		4.1+4.2+4.3+4.4+4.5	1398.29
20	4.1	安全文明施工费		(1)+(2)+(3)+(4)	761.62

续表

行号	序号	费用名称	费率/(%)	计算方法	费用金额/元
21	(1)	安全施工费	2	(一+二+三)×费率	396.68
22	(2)	环境保护费	0.12	(一+二+三)×费率	23.8
23	(3)	文明施工费	0.1	(一+二+三)×费率	19.83
24	(4)	临时设施费	1.62	(一+二+三)×费率	321.31
25	4.2	工程排污费	0.26	(一+二+三)×费率(按环保部门有关规定计算)	51.57
26	4.3	社会保障费	2.6	(一+二+三)×规费费率(按建安工程量2.6%计算)	515.68
27	4.4	住房公积金	0.2	(一+二+三)×费率(按工程所在地的相关规定计算)	39.67
28	4.5	危险作业意外伤害保险	0.15	(一+二+三)×规费费率(按工程所在地的相关规定计算)	29.75
29	五	税金	3.48	(一+二+三+四)×税率	738.88
30	六	装饰工程造价		一+二+三+四+五	21971.1

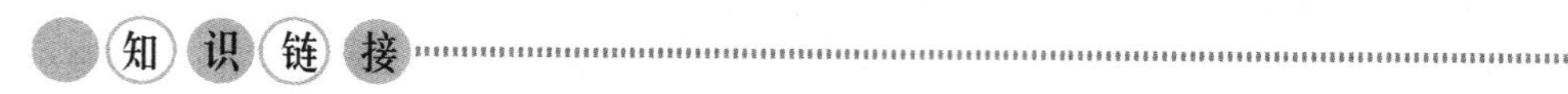

编制说明

1) 编制依据

(1) 本工程为某接待室建筑装饰工程预算，该工程建筑面积为46.16m^2，单层建筑，砖混结构，檐高4.02m。

(2) 本预算依据接待室建筑、结构施工图样编制。

(3) 本预算采用《山东省建筑工程消耗量定额》(2003年及2004年、2006年、2008年补充定额)和《山东省建筑工程价目表》(2011年)编制。

(4) 本预算采用《山东省建设工程费用项目组成及计算规则》(2011年)及造价管理部门颁布的最新费率系数进行取费。

(5) 建筑工程按Ⅲ类工程计取费用，装饰工程按Ⅱ类工程计取费用。

2) 其他需说明的问题

(1) 未考虑设计变更或图样会审记录的内容。

(2) 未按照材料市场价格进行材料差价调整。

(3) 现浇混凝土项目采用场外集中搅拌，搅拌量按25 m^3/h计。

(4) 预制构件运输距离按照5km以内计。

(5) 未考虑屋面排水，按照无组织排水编制。

(6) 建筑、装饰人工工日单价未做调整。

7. 编制封面并校核装订

预算书封面如下所示。

建筑工程预算书

工程名称：某接待室工程预算　　　　工程地点：山东省济南市区

建筑面积：46.16m^2　　　　结构类型：砖混结构

工程造价：69544.47 元　　　　单方造价：1506.60 元/m^2

建设单位：山东省济南市×××局　　　　施工单位：山东省济南市××建筑公司

(公章)　　　　(公章)

审批部门：　　　　编制人：×××

(公章)　　　　(印章)

××××年××月××日　　　　××××年××月××日

最后，校核审阅并按照要求的顺序装订成稿。

任务 1.4　某住宅楼施工图设计文件(实训)

下面为某住宅楼施工图设计文件，试根据该施工图设计内容，编制出该工程的施工图预算(定额计价模式)。

1.4.1　建筑设计总说明

建筑设计总说明如附图 1 所示，建筑做法说明如附图 2 所示。

1.4.2　结构设计说明

结构设计说明如附图 19 所示。

1.4.3　某住宅楼施工图

某住宅楼施工图如附图 3～附图 28 所示。

项目 2

建筑工程工程量清单计价实训

学习目标

通过本项目的学习，培养学生系统全面地总结、运用所学的建筑工程工程量清单计价办法编制建筑工程工程量清单和计价的能力；使学生能够做到理论联系实际、产学结合，进一步培养学生独立分析解决问题的能力。

学习要求

能力目标	知识要点	相关知识	权重
掌握基本识图能力	正确识读工程图样，理解建筑、结构做法和详图	制图规范、建筑图例、结构构件、节点做法	10%
掌握分部分项工程清单项目的划分	根据清单计算规则和图样内容正确划分各分部分项工程	清单子目组成、工程量计算规则、工程具体内容	15%
掌握清单工程量的计算方法和清单子目的正确套用	根据建筑工程清单工程量的计算规则，正确计算各分部分项工程量，正确套用清单子目	工程量计算规则的运用	35%
掌握分部分项工程量清单、措施项目清单、其他项目清单、规费项目清单及税金项目清单计价表的编制	综合单价的确定，措施项目费的确定，暂列金额、暂估价的确定，计日工、总承包服务费的确定，规费和税金的确定	通用措施项目、专业措施项目、暂列金额、暂估价、计日工、总承包服务费、规费及税金	40%

任务 2.1 建筑工程工程量清单计价实训任务书

2.1.1 实训目的和要求

1. 实训目的

(1) 通过建筑工程工程量清单及计价编制的实际训练，提高学生正确贯彻执行国家建设工程的相关法律、法规并正确应用国家现行的《建设工程工程量清单计价规范》、《房屋建筑与装饰工程计量规范》、《山东省建设工程工程量清单计价规则》、《山东省建筑工程工程量清单项目设置及计算规则》、建筑工程设计和施工规范、标准图集等规范和标准的基本技能。

(2) 提高学生运用所学的专业理论知识解决工程实际问题的能力。

(3) 使学生熟练掌握建筑工程工程量清单及计价的编制方法和技巧，培养学生编制建筑工程工程量清单及计价的专业技能。

2. 实训要求

(1) 要求完成该工程建筑物的建筑工程部分的工程量清单及计价的全部内容。主要内容包括：分部分项工程量清单及计价、措施项目清单及计价、其他项目清单及计价、规费项目清单及计价、税金项目清单及计价。

(2) 学生在实训结束后，所完成的建筑工程工程量清单及计价必须满足以下标准。

① 建筑工程工程量清单及计价的内容必须完整、正确。

② 采用现行《建设工程工程量清单计价规范》统一的表格，规范填写建筑工程工程量清单及计价的各项内容，且要求字迹工整、清晰。

③ 按规定的顺序装订成册。

(3) 课程实训期间，必须发扬实事求是的科学精神，进行深入分析、研究和计算，按照指导要求编制，严禁捏造、抄袭等坏的作风，力争使自己的实训达到先进水平。

(4) 课程实训应独立完成，遇有争议的问题可以相互讨论，但不准抄袭他人，一经发现，相关责任者的课程实训成绩以零分计。

2.1.2 实训内容

1. 工程资料

已知某工程资料如下。

(1) 建筑施工图、结构施工图见附图(见任务 2.4)。

(2) 建筑设计说明、建筑做法说明、结构设计说明见工程施工图(见任务 2.4)。

(3) 其他未尽事项，可根据规范、规程、图集及具体情况讨论选用，并在编制说明中注明。例如，混凝土采用场外集中搅拌，$25m^3/h$，混凝土运输车运输，运距 5km，非泵送混凝土；除预制板外，其他混凝土构件采用现浇方式，等等。

2. 编制内容

根据现行的《建设工程工程量清单计价规范》、《山东省建设工程工程量清单计价规则》、《山东省建筑工程工程量清单项目设置及计算规则》、《山东省建筑工程消耗量定额》、《山东省建筑工程价目表》、《山东省建设工程价目表材料机械单价》和指定的施工图设计文件等资料，编制以下内容。

1) 建筑工程工程量清单文件

(1) 列项目，计算工程量，编制分部分项工程量清单。

(2) 编制措施项目清单。

(3) 编制其他项目清单，其中包括以下内容。

① 其他项目清单与计价汇总表。

② 暂列金额明细表。

③ 材料暂估单价表。

④ 专业工程暂估价表。

⑤ 计日工表。

⑥ 总承包服务费计价表。

(4) 编制规费、税金项目清单。

(5) 编制总说明。

(6) 填写封面，整理装订成册。

2) 建筑工程工程量清单计价文件

(1) 编制“分部分项工程量清单与计价表”。

(2) 编制“工程量清单综合单价分析表”。

(3) 编制“措施项目清单与计价表”。

(4) 编制“其他项目清单与计价表”，其中包括以下内容。

① 其他项目清单与计价汇总表。

② 暂列金额明细表。

③ 材料暂估单价表。

④ 专业工程暂估价表。

⑤ 计日工表。

⑥ 总承包服务费计价表。

(5) 编制“规费、税金项目清单与计价表”。

(6) 编制“单位工程投标报价汇总表”。

(7) 编制“单项工程投标报价汇总表”。

(8) 编制总说明。

(9) 填写封面，整理装订成册。

2.1.3 实训时间安排

实训时间安排见表 2-1。

表 2-1 实训时间安排表(二)

序号	内容		时间/天
1	实训准备工作及熟悉图样、清单计价规范，了解工程概况，进行项目划分		0.5
2	编制工程量清单	列项目进行工程量计算，编制分部分项工程量清单与计价表，编制措施项目清单与计价表	1.0
		编制其他项目清单与计价表，编制规费、税金项目清单与计价表	1.0

续表

序号	内　容		时间/天
3	编制工程量清单计价表	编制分部分项工程量清单与计价表、编制工程量清单综合单价分析表	1.0
		编制其他项目清单与计价表，编制规费、税金项目清单与计价表，编制单位工程投标报价汇总表，编制单项工程投标报价汇总表	1.0
4	复核、编制总说明、填写封面、整理装订成册		0.5
5	合　计		5.0

任务2.2　建筑工程工程量清单计价实训指导书

2.2.1　编制依据

(1) 施工图设计文件。

(2) 现行的《建设工程工程量清单计价规范》、《山东省建筑工程工程量清单项目设置及计算规则》及《山东省建设工程费用项目组成及计算规则》等。

(3) 现行的施工规范、工程验收规范等标准。

(4) 现行的《山东省建筑工程消耗量定额》、《山东省建筑工程价目表》及《山东省建设工程价目表材料机械单价》等。

(5) 工程所在地的一般施工单位就该类工程常规的施工方法。

(6) 建筑工程招标条件。

(7) 有关造价政策及文件。

2.2.2　编制步骤和方法

1. 编制工程量清单

1) 熟悉施工图设计文件

(1) 熟悉图样、设计说明，了解工程性质，对工程情况有个初步了解。

(2) 熟悉平面图、立面图和剖面图，核对尺寸。

(3) 查看详图和做法说明，了解细部做法。

2) 熟悉施工组织设计资料

了解施工方法和施工机械的选择，工具设备的选择，运输距离的远近，脚手架种类的选择，模板支撑种类的选择等。

3) 熟悉建筑工程工程量清单计价规范(或计价规则)

了解清单各项目的划分、工程量计算规则，掌握各清单项目的项目编码、项目名称、项目特征、计量单位及工作内容。

4) 列项目计算工程量并编制工程量计算书

工程量计算必须根据设计图样和说明提供的工程构造、设计尺寸和做法要求，结合施工组织设计和现场情况，按照清单的项目划分、工程量计算规则和计量单位的规定，对每

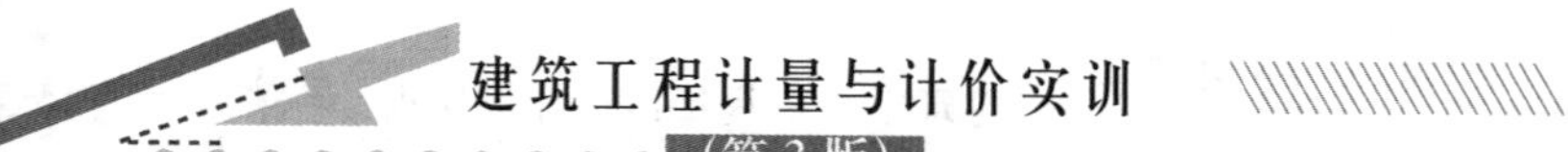

个分项工程的工程量进行具体计算。它是工程量清单编制工作中一项细致、重要的环节。

为了做到计算准确，便于审核，工程量计算的总体要求有以下几点。

(1) 根据设计图纸、施工说明书、《建设工程工程量清单计价规范》、《建筑工程工程量清单项目设置及计算规则》的规定要求，计算各分部分项工程量。

(2) 计算工程量所取定的尺寸和工程量计量单位要符合清单计价办法的规定。

(3) 尽量按照“一数多用”的计算原则，以加快计算速度。

(4) 门窗、洞口、预制构件要结合建筑平面图、立面图对照清点，也可列出数量、面积、体积明细表，以备扣除门窗、洞口面积和预制构件体积之用。

工程量计算的具体步骤如下。

(1) “四线两面”基数计算。

① 计算外墙中心线长度 $L_{中}$(若外墙基础断面不同，应分段计算)、内墙净长线长度 $L_{内}$(若内墙墙厚不同，应分段计算)、内墙基础垫层净长线长度 $L_{净垫}$(或内墙混凝土基础净长线长度 $L_{净基础}$；若垫层或基础断面不同，应分段计算)和外墙的外边线长度 $L_{外}$；计算底层建筑面积 $S_{底}$和房心净面积 $S_{房}$。

② 编制基数计算表，见表 2-2。

表 2-2　基数计算表

序号	基数名称	单位	数量	计算式
一	外墙中心线长度 $L_{中}$	m	29.20	(5.0+3.6+3.3+2.7) ×2
二	内墙净长线长度 $L_{内}$	m	…	…
1	$L_{内1}$(120 墙)	m	…	…
2	$L_{内2}$(240 墙)	m	…	…
三	外墙外边线长度 $L_{外}$	m	…	…
…	…	…	…	…
…	…	…	…	…

(2) 计算门窗及洞口工程量，编制门窗及洞口工程量计算表，见表 2-3。

表 2-3　门窗及洞口工程量计算表

门窗代号	洞口尺寸		每樘面积/m^2	总樘数	总面积/m^2	所在部位			备注
						外墙	内墙		
	宽/mm	高/mm				240	240	120	
M-1	900	2400	2.16	5	10.8	4.32	2.16	4.32	
M-2	…	…	…	…	…	…	…	…	
…	…	…	…	…	…	…	…	…	
门窗面积小计					…	…	…	…	
洞口面积小计					…	…	…	…	

(3) 正确划分计算项目，编制工程量计算表，见表 2-4。

表 2-4 工程量计算表

序号	项目编码	项目名称	项目特征	计算公式	单位	数量	备注
1	010101001001	人工场地平整	1．土壤类别：III类土 2．弃土运距：1km 3．取土运距：1km	按设计图示尺寸以建筑物首层建筑面积计算	m^2	…	
2	…		…	…	…	…	…
3	…		…	…	…	…	…

5) 编制分部分项工程量清单

见表 2-5。

表 2-5 分部分项工程量清单与计价表(一)

工程名称： 标段： 第 页 共 页

序号	项目编码	项目名称	项目特征	计量单位	工程量	金额/元		
						综合单价	合价	其中：暂估价
1	010101001001	人工场地平整	1. 土壤类别：II类土 2.土方就地挖填找平	m^2	716			
2								
3								
本页小计								
合　　计								

表 2-5 说明如下。

(1) 本清单中的项目编码、项目名称、项目特征、计量单位及工程数量应根据国家标准《房屋建筑与装饰工程计量规范》、《山东省建筑工程工程量清单项目设置及计算规则》进行编制，是拟建工程分项“实体”工程项目及相应数量的清单，编制时应执行“五统一”的规定，不得因情况不同而变动。

(2) 本清单中项目编码的前 9 位应按国家标准《房屋建筑与装饰工程计量规范》中的项目编码进行填写，不得变动，后 3 位由工程量清单编制人根据清单项目设置的数量进行编制，其中第一、二位为专业工程代码，例如，“01”代表房屋建筑与装饰工程，“02”代表仿古建筑工程，“03”代表通用安装工程，“04”代表市政工程，“05”代表园林绿化工程，“06”代表矿山工程，“07”代表构筑物工程，“08”代表城市轨道交通工程，“09”代表爆破工程；第三、四位为附录分类顺序码，例如，附录 A 为“01”代表土石方工程、附录 B 为“02”代表地基处理与边坡支护工程，等等；第五、六位为分部工程顺序码，例如，附录 A 中“01”代表土方工程，“02”代表石方工程，“03”代表回填，等等；第七、八、九位为分项工程项目名称顺序码，例如，附录 A 土方工程项目编码“010101001”中“001”代表平整场地，“010101002”中“002”代表挖一般土方，“010101003”中“003”代表挖沟槽土方，等等；第十、十一、十二位为清单项目名称顺序码，如 001、002 等。

(3) 编制工程量清单时，清单项目名称应结合拟建工程实际，按国家标准《房屋建筑与装饰工程计量规范》或《山东省建筑工程工程量清单项目设置及计算规则》表中的相应项目名称填写，并将拟建工程项目的具体项目特征，根据要求填写在项目特征栏中。

(4) 分部分项工程量清单中的计量单位应按国家标准《房屋建筑与装饰工程计量规范》或《山东省建筑工程工程量清单项目设置及计算规则》表中的相应计量单位确定。

(5) 分部分项工程量清单中的工程数量应按国家标准《房屋建筑与装饰工程计量规范》或《山东省建筑工程工程量清单项目设置及计算规则》表中的“工程数量”栏内规定的计算方法进行计算。

工程数量的有效位数应遵循下列规定。

① 以“t”为单位，应保留小数点后3位数字，第4位四舍五入。

② 以“m^3”、“m^2”、“m”为单位，应保留小数点后两位数字，第3位四舍五入。

③ 以“个”、“项”等为单位，应取整数。

(6) 项目特征描述技巧如下。

① 必须描述的内容。

a．涉及正确计量的内容必须描述，如门窗洞口尺寸或框外围尺寸。

b．涉及结构要求的内容必须描述，如混凝土构件的混凝土强度等级，是使用C20还是C30或C40等，因混凝土强度等级不同，其价格也不同。

c．涉及材质要求的内容必须描述，如油漆的品种，是调和漆还是硝基清漆等。

d．涉及安装方式的内容必须描述，如管道工程中，钢管的连接方式是螺纹连接还是焊接等。

② 可不详细描述的内容。

a．无法准确描述的可不详细描述，如土壤类别，由于我国幅员辽阔，南北东西差异较大，特别是对于南方来说，在同一地点，由于表层土与表层土以下的土壤，其类别是不相同的，要求清单编制人准确判定某类土壤的所占比例是困难的，在这种情况下，可考虑将土壤类别描述为综合，注明由投标人根据地质勘察资料自行确定土壤类别，决定报价。

b．施工图纸、标准图集标注明确，可不再详细描述，对这些项目可描述为见××图集××页××节点大样等。

c．还有一些项目可不详细描述，但清单编制人在项目特征描述中应注明由招标人自定，如土(石)方工程中的“取土运距”、“弃土运距”等。

③ 可不描述的内容。

a．对计量计价没有实质影响的内容可以不描述，如对现浇混凝土柱的断面形状的特征规定可以不描述，因为混凝土构件是按“m^3”计量的，对此的描述实质意义不大。

b．应由投标人根据施工方案确定的可以不描述，如对石方的预裂爆破的单孔深度及装药量的特征规定，由清单编制人来描述是困难的，由投标人根据施工要求，在施工方案中确定，自主报价比较恰当。

c．应由投标人根据当地材料和施工要求确定的可以不描述，如对混凝土构件中的混凝土拌合料使用的石子种类及粒径、砂的种类及特征规定可以不描述。因为混凝土拌合料使用砾石还是碎石，使用粗砂还是中砂、细砂或特细砂，除构件本身特殊要求需要指定外，主要取决于工程所在地砂、石子材料的供应情况。

(7) 综合单价：完成一个规定计量单位的分部分项工程量清单项目或措施清单项目所需的人工费、材料费、施工机械使用费和企业管理费与利润，以及一定范围内的风险费用。

综合单价=人工费+材料费+施工机械使用费+管理费+利润

(8) 暂估价：招标人在工程量清单中提供的用于支付必然发生但暂时不能确定的材料的单价及专业工程的金额。

6) 编制措施项目清单

见表 2-6 和表 2-7。

表 2-6 措施项目清单与计价表(一)(样表)

工程名称： 标段： 第 页 共 页

序号	项目编码	项目名称	计算基础	费率(%)	金额/元
1	011701001001	安全文明施工费			
2	011701002001	夜间施工费			
3	…	非夜间施工照明			
4		二次搬运费			
5		冬雨季施工			
6		大型机械设备进出场及安拆			
7		施工排水			
8		施工降水			
9		地上、地下设施、建筑物的临时保护设施			
10		已完工程及设备保护			
11		各专业工程的措施项目			
合计					

表 2-6 说明如下。

措施项目清单是指为了完成工程项目施工，发生于该工程施工前或施工过程中的非工程实体项目和相应数量的清单，包括技术、安全、生活等方面的相关非实体项目。国家标准《房屋建筑与装饰工程计量规范》中列出了措施项目，编制措施项目清单时，应结合拟建工程实际进行选用。

特别提示

影响措施项目设置的因素很多，除工程本身因素外，还涉及水文、气象、环境及安全等方面，表中不可能把所有的措施项目一一列出，因情况不同，出现表中未列的施工项目，工程量清单编制人可作补充。

措施项目清单以“项”为计量单位，相应数量为“1”。

根据建设部、财政部发布的《建筑安装工程费用项目组成》(建标[2003]206 号)的规定，“计算基础”可为“直接费”、“人工费”或“人工费+机械费”。

各专业工程的措施项目：建筑与装饰工程包括混凝土模板及支架、脚手架、垂直运输机械、超高施工增加等。

山东省“安全文明施工费”列入规费项目。

表 2-7　措施项目清单与计价表(二)(样表)

工程名称:　　　　　　　　　　　　　　　　标段:　　　　　　　　　　　　　第　页 共　页

序号	项目编码	项目名称	项目特征	计量单位	工　程　量	金额/元	
						综合单价	合价
1	011703021001	平板模板及支架	矩形板，支模高度 2.9m	m^2	1800		
2	…						
3							
4							
本页小计							
合　　计							

特别提示

表 2-7 适用于以综合单价形式计价的措施项目。

国家标准《房屋建筑与装饰工程计量规范》中给出了措施项目的项目编码。

7) 编制其他项目清单

见表 2-8～表 2-13。

表 2-8　其他项目清单与计价汇总表(样表)

工程名称:　　　　　　　　　　　　　　　　标段:　　　　　　　　　　　　　第　页 共　页

序号	项目名称	计量单位	金额/元	备　　注
1	暂列金额			明细详见表 2-9
2	暂估价			
2.1	材料(工程设备)暂估价			明细详见表 2-10
2.2	专业工程暂估价			明细详见表 2-11
3	计日工			明细详见表 2-12
4	总承包服务费			明细详见表 2-13
合　　计				

材料暂估单价列入清单项目综合单价，此处不汇总。

相关解释

- 暂列金额：招标人在工程量清单中暂定并包含在合同价款中的一笔款项，用于施工合同签订时尚未确定或者不可预见的所需材料、设备、服务的采购，施工中可能发生的工程变更、合同约定调整因素出现时的工程价款调整以及发生的索赔、现场签证确认等的费用。
- 计日工：在施工过程中，完成发包人提出的施工图样以外的零星项目或工作，按合同中约定的综合单价计价。

- 总承包服务费：总承包人为配合协调发包人进行的工程分包自行采购的设备、材料等进行管理、服务，以及施工现场管理、竣工资料汇总整理等服务所需的费用。

表 2-9　暂列金额明细表(样表)

工程名称：　　　　　　　　　　　　标段：　　　　　　　　　　　第　页 共　页

序号	项目名称	计量单位	金额/元	备　注
1	设计变更、工程量清单有误	项	50000	
2	国家的法律、法规、规章和政策发生变化时的调整及材料价格风险	项	60000	
3	索赔与现场签证等	项	40000	
4				
合　计			150000	

特别提示

表 2-9 由招标人填写，如不能详列明细，也可只列暂定金额总额，投标人应将上述暂列金额计入投标总价中。

表 2-10　材料(工程设备)暂估单价表(样表)

工程名称：　　　　　　　　　　　　标段：　　　　　　　　　　　第　页 共　页

序号	材料名称、规格、型号	计量单位	单价/元	备　注
1	钢筋(规格、型号综合)	t	4600	用于所有的现浇混凝土构件
2	…			
3				
4				

特别提示

表 2-10 由招标人填写，并在“备注”栏说明暂估单价的材料拟用在哪些清单项目上，投标人应将上述材料暂估单价计入工程量清单综合单价报价中。

材料包括原材料、燃料、构配件及按规定应计入建筑安装工程造价的设备。

表 2-11　专业工程暂估价表(样表)

工程名称：　　　　　　　　　　　　标段：　　　　　　　　　　　第　页 共　页

序号	工程名称	工程内容	金额/元	备　注
1	弱电工程	配管、配线等	30000	
2				
3				
4				
合　计				

特别提示

表2-11由招标人填写，投标人应将上述专业工程暂估价计入投标总价中。

表2-12 计日工表(样表)

工程名称：　　　　　　　　　　标段：　　　　　　　　　　第　页共　页

序号	项目名称	单位	暂定数量	综合单价/元	合价/元
一	人工				
1	普通工	工日	50		
2	技工(综合)	工日	30		
3					
人工小计					
二	材料				
1					
2					
3					
材料小计					
三	施工机械				
1					
2					
3					
施工机械小计					
合　计					

特别提示

表2-12项目名称、暂定数量由招标人填写，编制招标控制价，单价由招标人按有关计价规定确定。

投标时，工程项目、数量按招标人提供数据计算，单价由投标人自主报价，计入投标总价中。

表2-13 总承包服务费计价表(样表)

工程名称：　　　　　　　　　　标段：　　　　　　　　　　第　页共　页

序号	项目名称	项目价值/元	服务内容	费率/(%)	金额/元
1	发包人发包专业工程(弱电工程)	30000	总承包人应按专业工程承包人的要求提供施工工作面、垂直运输机械等，并对施工现场进行统一管理，对竣工资料进行统一整理和汇总，并承担相应的垂直运输机械费用		

续表

序号	项目名称	项目价值/元	服务内容	费率/(%)	金额/元
2	发包人供应材料				
	合　计				

8) 编制规费、税金项目清单

见表2-14。

表2-14 规费、税金项目清单与计价表(样表)

工程名称：　　　　　　　　　　标段：　　　　　　　　　　第　页共　页

序号	项目名称	计算基础	费率/(%)	金额/元
1	规费			
1.1	工程排污费			
1.2	社会保障费			
(1)	养老保险费			
(2)	失业保险费			
(3)	医疗保险费			
1.3	住房公积金			
1.4	工伤保险费			
2	税金	分部分项工程费+措施项目费+其他项目费+规费		
合　计				

特别提示

规费根据建设部、财政部发布的《建筑安装工程费用项目组成》(建标[2003]206号)的规定，“计算基础”可为“直接费”、“人工费”或“人工费+机械费”。

山东省的规费包括五项内容：安全文明施工费、工程排污费、社会保障费、住房公积金、危险作业意外伤害保险。

9) 编制总说明

见表2-15。

表2-15 总说明(一)

工程名称：　　　　　　　　　　第　页共　页

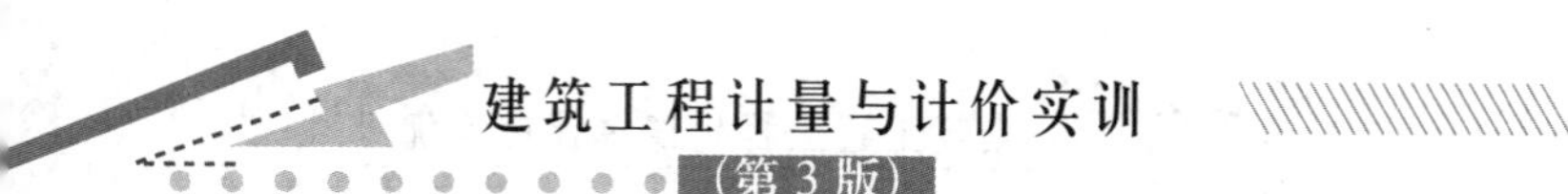

特别提示

总说明应按下列内容填写。

(1) 工程概况：建设规模、工程特征、计划工期、施工现场实际情况、自然地理条件、环境保护要求等。

(2) 工程招标和分包范围。

(3) 工程量清单编制依据。

(4) 工程质量、材料、施工等的特殊要求。

(5) 其他需要说明的问题。

10) 封面的填写形式如下

______________工程

工程量清单

工程造价

招　标　人：__________ （单位盖章）	咨　询　人：__________ （单位资质专用章）
法定代表人 或其授权人：__________ （签字或盖章）	法定代表人 或其授权人：__________ （签字或盖章）
编　制　人：__________ （造价人员签字盖专用章）	复　核　人：__________ （造价工程师签字盖专用章）
编制时间：　年　月　日	复核时间：　年　月　日

特别提示

封面应按规定的内容填写、签字、盖章，造价员编制的工程量清单应有负责审核的造价工程师签字、盖章。

11) 整理装订成册

装订顺序，自上而下依次为：封面→编制总说明→分部分项工程量清单与计价表→措施项目清单与计价表(包括措施项目清单与计价表(一)和措施项目清单与计价表(二))→其他项目清单与计价表(包括其他项目清单与计价汇总表、暂列金额明细表、材料暂估单价表、专业工程暂估价表、计日工表和总承包服务费计价表)→规费、税金项目清单与计价表→工程量计算表→封底。

2. 编制工程量清单计价表

1) 编制工程量清单综合单价分析表

(1) 计算综合单价。

分部分项工程量清单计价，其核心是综合单价的确定。综合单价的计算一般应按下列顺序进行。

① 确定工程内容。根据工程量清单项目名称和拟建工程实际，或参照《建筑工程工程量清单项目设置及计算规则》表中的“工程内容”，确定该清单项目主体及其相关工程内容。

② 计算工程数量。根据现行《山东省建筑工程消耗量定额工程量计算规则》的规定，分别计算工程量清单项目所包含的每项工程内容的工程数量。

③ 计算单位含量。分别计算工程量清单项目每计量单位应包含的各项工程内容的工程数量。

单位含量=第②步计算的工程数量÷相应清单项目的工程数量

④ 选择定额。根据第①步确定的工程内容，参照《建筑工程工程量清单项目设置及计算规则》表中的定额名称和编号选择定额，确定人工、材料和机械台班的消耗量。

⑤ 选择单价。人工、材料、机械台班单价选用省信息价或市场价。

⑥ 计算清单项目每计量单位所含某项工程内容的人工、材料、机械台班价款。

工程内容的人工、材料、机械台班价款=$\sum$第④步确定的人工、材料、机械台班消耗量×第⑤步选择的人工、材料、机械台班单价×第③步计算含量。

⑦ 计算工程量清单项目每计量单位人工、材料、机械台班价款。

工程量清单项目人工、材料、机械台班价款等于第⑥步计算的各项工程内容的人工、材料、机械台班价款之和。

⑧ 选定费率。应根据《山东省建筑工程费用项目组成及计算规则》，并结合本企业和市场的实际情况，确定管理费率和利润率。

⑨ 计算综合单价。

a. 建筑工程综合单价=第⑦步计算的人工、材料、机械台班价款×(1+管理费率+利润率)。

b. 装饰装修工程综合单价=第⑦步计算的人工、材料、机械台班价款+第⑦步中的人工费×(管理费率+利润率)。

⑩ 合价=综合单价×相应清单项目工程数量。

(2) 将第(1)项计算结果填入工程量清单综合单价分析表中，见表 2-16。

表 2-16 工程量清单综合单价分析表(样表)

工程名称： 标段： 第 页共 页

项目编码		010101003001		项目名称		挖沟槽土方		计量单位		m^3	
清单综合单价组成明细											
定额编号	定额名称	定额单位	数量	单价/元				合价/元			
				人工费	材料费	机械费	管理费和利润	人工费	材料费	机械费	管理费和利润
1-2-12	挖土方	10m^3	0.13	279.40	0	0.49	23.23	36.32	0	0.06	3.02
1-4-4	基底钎探	10 眼	0.2	50.16	0	0	4.16	10.03	0	0	0.83
人工单价	小计							46.35	0	0.06	3.85
44 元/工日	未计价材料费										

续表

项目编码			010101003001	项目名称		挖沟槽土方			计量单位		m^3
清单综合单价组成明细											
定额编号	定额名称	定额单位	数量	单价/元				合价/元			
				人工费	材料费	机械费	管理费和利润	人工费	材料费	机械费	管理费和利润
清单项目综合单价								50.26			
材料费明细	主要材料名称、规格、型号				单位	数量		单价/元	合价/元	暂估单价/元	暂估合价/元
	其他材料费							—		—	
	材料费小计							—		—	

特别提示

如不使用省级或行业建设主管部门发布的计价依据，可不填定额名称、编号等。

招标文件提供了暂估单价的材料，按暂估的单价填入表内“暂估单价”栏及“暂估合价”栏。

2) 编制分部分项工程量清单与计价表

见表2-17。

表2-17　分部分项工程量清单与计价表(二)

工程名称：　　　　　　　　　　标段：　　　　　　　　　　第　页 共　页

序号	项目编码	项目名称	项目特征	计量单位	工程量	金额/元		
						综合单价	合价	其中：暂估价
1	010101001001	平整场地	1.土壤类别：Ⅱ类土 2.土方就地挖填找平	m^2	716	1.22	873.52	
2								
3								
4								
5								
6								
7								
本页小计								
合　计								

特别提示

根据《建筑安装工程费用项目组成》(建标[2003]206号)的规定，为计取规费等的使用，可在表中增设："直接费"、"人工费"或"人工费+机械费"。

3) 编制措施项目清单与计价表(见表2-6和表2-7)

(1) 措施项目的确定。

投标人在措施项目费计算时，可根据施工组织设计采取的具体措施，在招标人提供的措施项目清单的基础上增加其不足的措施项目，对措施项目清单中列出而实际未采用的措施项目进行零报价。

(2) 措施项目费的计算。

① 表2-6中的措施项目费可按费用定额的计费基础和工程造价管理机构发布的费率进行计算，如《山东省建设工程费用项目组成及计算规则》提供了以下计算方法。

a．建筑工程措施项目费=分部分项工程费(人工费+材料费+机械台班费)×相应措施项目费率。

b．装饰装修工程措施项目费=分部分项工程费的人工费×相应措施项目费率。

② 表2-7中的综合单价的确定同分部分项工程量清单与计价表中的综合单价的确定方法相似，一般按下列顺序进行。

a．应根据措施项目清单和拟建工程的施工组织设计，确定措施项目。

b．确定该措施项目所包含的工程内容。

c．根据现行的《山东省建筑工程消耗量定额》工程量计算规则，分别计算该措施项目所含每项工程内容的工程量。

d．根据第(b)步确定的工程内容，参照《建筑工程工程量清单项目设置及计算规则》表中的消耗量定额，确定人工、材料和机械台班消耗量。

e．根据《山东省建设工程费用项目组成及计算规则》中的费用组成，参照其计算方法，或参照工程造价主管部门发布的信息价格，确定相应单价。

f．计算措施项目所含某项工程内容的人工、材料和机械台班的价款。

工程内容的人工、材料、机械台班价款=$\sum$第d步确定的人工、材料、机械台班消耗量×第e步选择的人工、材料、机械台班单价×第c步工程量。

g．计算措施项目人工、材料和机械台班价款。

措施项目人工、材料、机械台班价款=第f步计算的各项工程内容的人工、材料、机械台班价款之和。

h．应根据《山东省建设工程费用项目组成及计算规则》中的费用组成，参照其计算方法，或参照工程造价主管部门发布的相关费率，并结合本企业和市场的实际情况，确定管理费率和利润率。

i．计算金额。

建筑工程金额=第g步计算的措施项目人工、材料、机械台班价款×(1+管理费率+利润率)。

装饰装修工程金额=第g步计算的措施项目人工、材料、机械台班价款+第7步措施项目中的人工费×(管理费率+利润率)。

4) 编制其他项目清单与计价表

见表2-8～表2-13。

5) 编制规费、税金项目清单与计价表

见表2-14。

6) 编制单位工程投标报价汇总表

见表2-18。

表2-18　单位工程投标报价汇总表(样表)

工程名称：　　　　　　　　　　　　标段：　　　　　　　　　　　　第　页共　页

序号	汇总内容	金额/元	其中：暂估价/元	
1	分部分项工程			
1.1				
1.2				
…	……			
2	措施项目			
2.1	其中：安全文明施工费			
3	其他项目			
3.1	其中：暂列金额			
3.2	其中：专业工程暂估价			
3.3	其中：计日工			
3.4	其中：总承包服务费			
4	规费			
5	税金			
投标报价合计=1+2+3+4+5				

特别提示

表2-18适用于单位工程招标控制价或投标报价的汇总。如无单位工程划分，单项工程也使用本表汇总。

7) 编制单项工程投标报价汇总表

见表2-19。

表2-19　单项工程投标报价汇总表(样表)

工程名称：　　　　　　　　　　　　　　　　　　　　　　　　第　页共　页

序号	单位工程名称	金额/元	其中/元		
			暂估价	安全文明施工费	规费
1					
2					
3					
合　计					

特别提示

表 2-19 适用于单项工程招标控制价或投标报价的汇总。暂估价包括分部分项工程中的暂估价和专业工程暂估价。

8) 编制总说明

见表 2-20。

表 2-20 总说明(二)

工程名称：　　　　　　　　　　　　　　　　　　　　　　　　　第　页共　页

特别提示

总说明应按下列内容填写。

① 工程概况：建设规模、工程特征、计划工期、合同工期、实际工期、施工现场及变化情况、施工组织设计的特点、自然地理条件、环境保护要求等。

② 编制依据、清单计价范围等。

9) 封面的填写形式

投 标 总 价

招 标 人：______________________________

工程名称：______________________________

投标总价(小写)：______________________________

(大写)：______________________________

投 标 人：______________________________

(单位盖章)

法定代表人

或其授权人：______________________________

(签字或盖章)

编 制 人：______________________________

(造价人员签字盖专用章)

编制时间：　　年　　月　　日

10) 整理装订成册

装订顺序自上而下依次为：封面→编制总说明→单项工程投标报价汇总表→单位工程投标报价汇总表→分部分项工程量清单与计价表→措施项目清单与计价表(包括措施项目清单与计价表(一)和措施项目清单与计价表(二))→其他项目清单与计价表(包括其他项目清单与计价汇总表、暂列金额明细表、材料暂估单价表、专业工程暂估价表、计日工表和总承包服务费计价表)→规费、税金项目清单与计价表→分部分项工程量清单综合单价分析表→措施项目清单综合单价分析表→分部分项工程量计算表→封底。

任务2.3 某老年活动室施工图设计文件(实例)

2.3.1 建筑设计说明

建筑设计说明

1．本工程为某单位老年活动室。

2．本工程位于闹市区，地上2层，局部1层；平屋顶，挑檐天沟外排水。

3．方案经甲方同意。

4．本设计采用部分砖混、部分框架结构。

5．总建筑面积231.47m^2，总高度6.25m，层高2.9m，活动室层高5.8m。

6．庭院及周围室外工程另外设计。

建筑做法说明

1．门窗按山东省建筑标准设计相应图集制作，制作完成后刷防护性底油一遍，不做盖口条和披水条。

2．地面。

(1) 一层地面：素土夯实，1∶3水泥砂浆灌铺地瓜石厚150mm，1∶3水泥砂浆找平厚20mm，1∶2.5水泥细砂浆厚10mm，粘贴全瓷抛光地板砖，地板砖规格800mm×800mm，预制水磨石踢脚板高200mm。

(2) 一层活动室：素土夯实，1∶3水泥砂浆灌铺地瓜石厚150mm，1∶3水泥砂浆找平厚20mm，干铺4～5mm软泡沫塑料垫层，铺厚18mm复合木地板，直线形木踢脚板高200mm。

(3) 二层地面：刷素水泥浆一遍，1∶3水泥砂浆找平厚20mm，1∶2.5水泥细砂浆厚10mm，粘贴全瓷抛光地板砖，地板砖规格800mm×800mm，预制水磨石踢脚板高200mm。

3．内墙面。

(1) 卫生间：1∶3水泥砂浆打底厚6mm，1∶1水泥细砂浆厚6mm，粘贴瓷砖152mm×152mm高1500mm，白水泥浆擦缝。

(2) 其余：1∶3水泥砂浆打底厚14mm，1∶2.5水泥砂浆压光厚6mm，满刮腻子两遍。乳胶漆刷光两遍。

4．外墙面：1∶3 水泥砂浆打底厚 14mm，1∶2 水泥砂浆找平厚 6mm，刷素水泥浆一遍，1∶1 水泥细砂浆厚 5mm，粘贴面砖，面砖规格 60mm×240mm，素水泥浆擦缝。

5．顶棚。

(1) 活动室：现浇混凝土板底吊不上人装配式 U 形轻钢龙骨，间距 450mm×450mm，龙骨上铺中密度板，面层粘贴 6mm 厚铝塑板。

(2) 其余：刷素水泥浆一遍，1∶3 水泥砂浆找平厚 10mm，1∶2.5 水泥砂浆压光厚 7mm，满刮腻子两遍，乳胶漆刷光两遍。

6．屋面：刷素水泥浆一遍，1∶3 水泥砂浆找平厚 20mm，刷聚氨酯防水涂膜两遍，干铺憎水珍珠岩块厚 80mm，1∶10 水泥珍珠岩找坡 1.5%，1∶2 防水砂浆找平厚 20mm，PVC 卷材。

7．门窗类型。

M1 洞口尺寸：3000mm×2400mm，数量 1，类型：半玻自由门。

M2 洞口尺寸：2400mm×2100mm，数量 1，类型：玻璃镶木板门。

M3 洞口尺寸：1000mm×2400mm，数量 3，类型：玻璃胶合板门。

M4 洞口尺寸：900mm×2100mm，数量 2，类型：胶合板门(带小百叶)。

C1 洞口尺寸：1800mm×1500mm，数量 3，类型：一玻一纱窗，窗台高 900mm。

C2 洞口尺寸：1500mm×1500mm，数量 4，类型：单层玻璃窗，窗台高 900mm。

C3 洞口尺寸：1500mm×1200mm，数量 4，类型：单层玻璃窗。

C4 洞口尺寸：3000mm×1200mm，数量 2，类型：框安玻璃窗。

C5 洞口尺寸：1500mm×1200mm，数量 4，类型：框安玻璃窗。

2.3.2 结构设计说明

(1) 土方为一类土，无地下水。

(2) 基础部分材料：基础混凝土为 C25，素混凝土垫层为 C15，1∶3 水泥砂浆灌注地瓜石垫层，M5 混合砂浆砌筑砖基础。

(3) 墙体做法为 M5 混合砂浆砌筑黏土空心砖墙。

(4) 上部现浇钢筋混凝土构件：框架柱、梁、板为 C25 混凝土，构造柱、圈梁、过梁挑檐、雨篷等为 C20 混凝土。

(5) 选用的标准图如下。

① 钢筋混凝土条形基础 L04G312。

② 多层砖房抗震构造详图 L03G313。

③ 钢筋混凝土过梁 L03G303。

④ 混凝土结构施工图平面整体表示方法制图规则和构造详图 11G101—1。

2.3.3 某老年活动室施工图

某老年活动室施工图如图 2.1～图 2.10 所示。

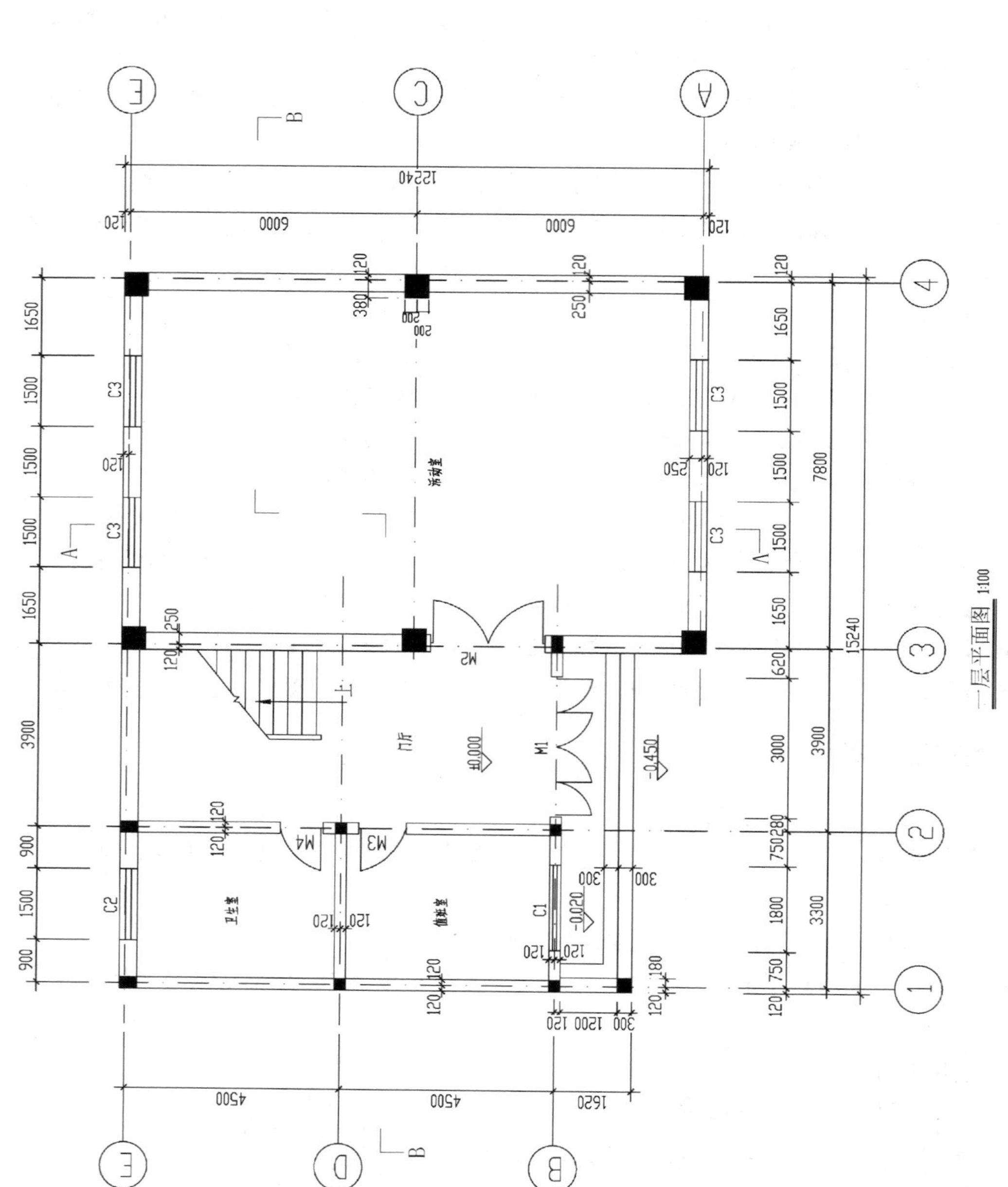

图 2.1 一层平面图(建施 1)

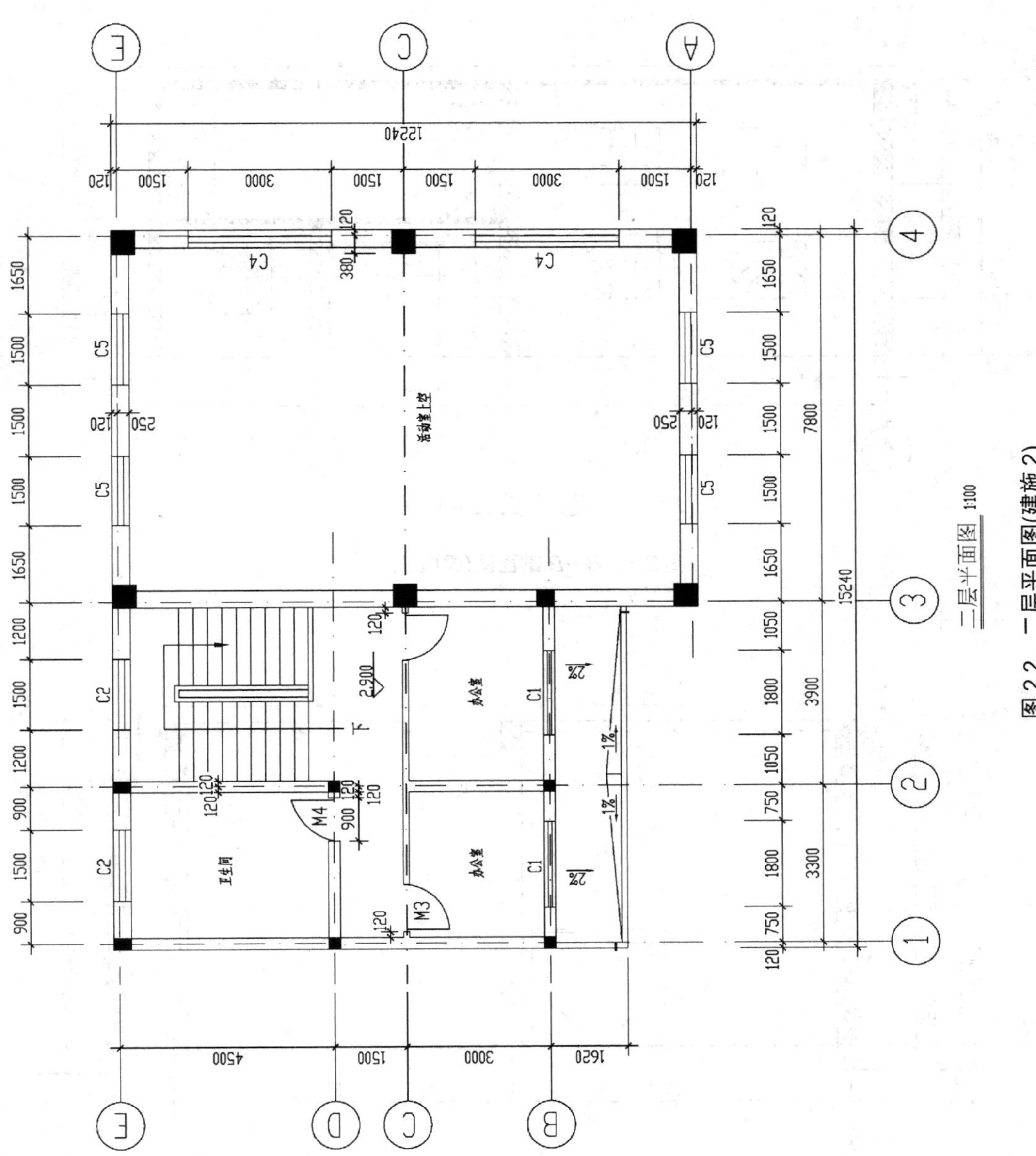

图 2.2　二层平面图(建施 2)

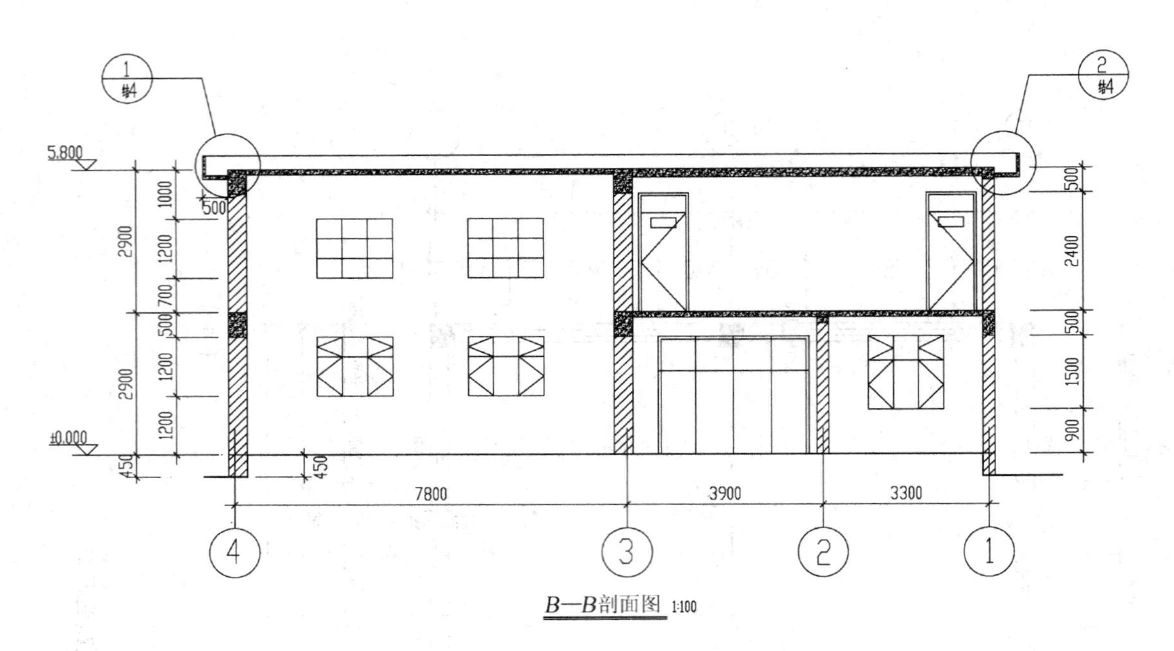

图 2.3　*B—B* 剖面图(建施 3)

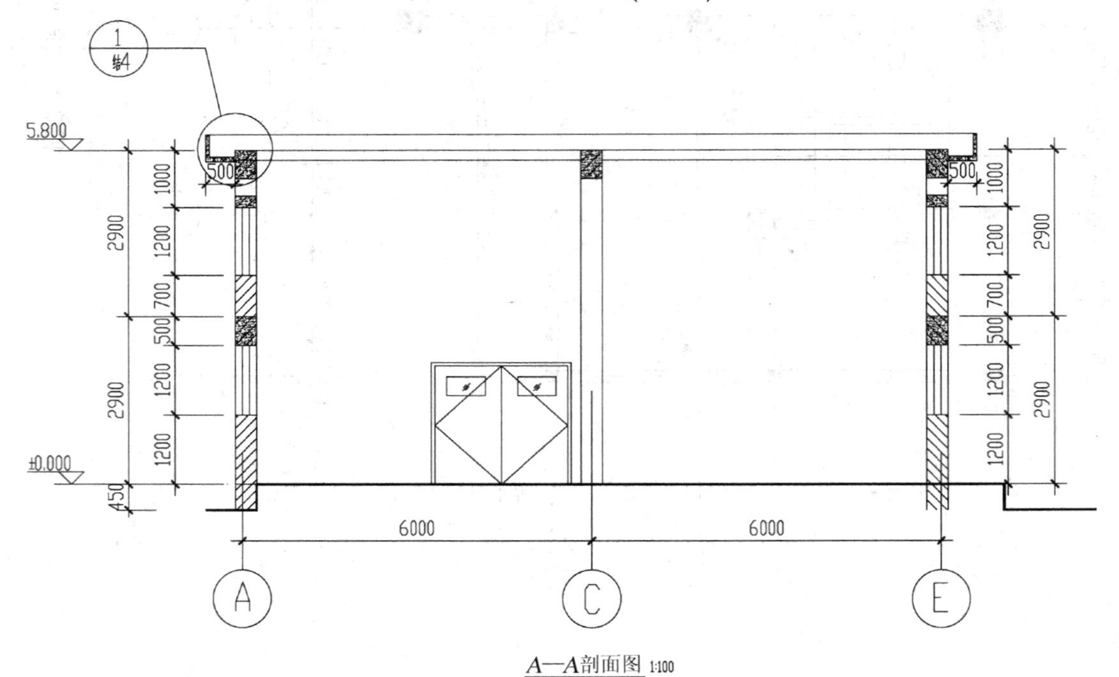

图 2.4　*A—A* 剖面图(建施 4)

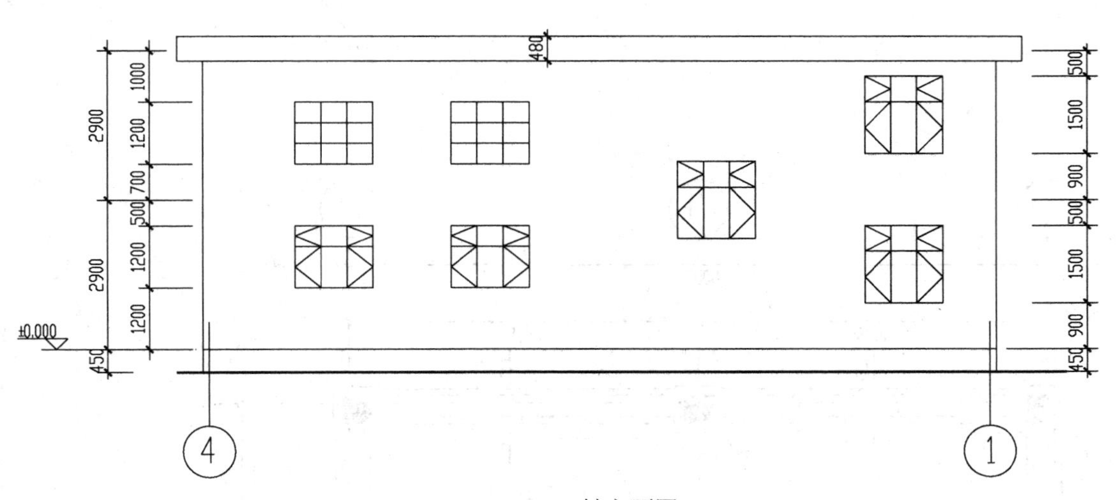

图 2.5　4～7 轴立面图(建施 5)

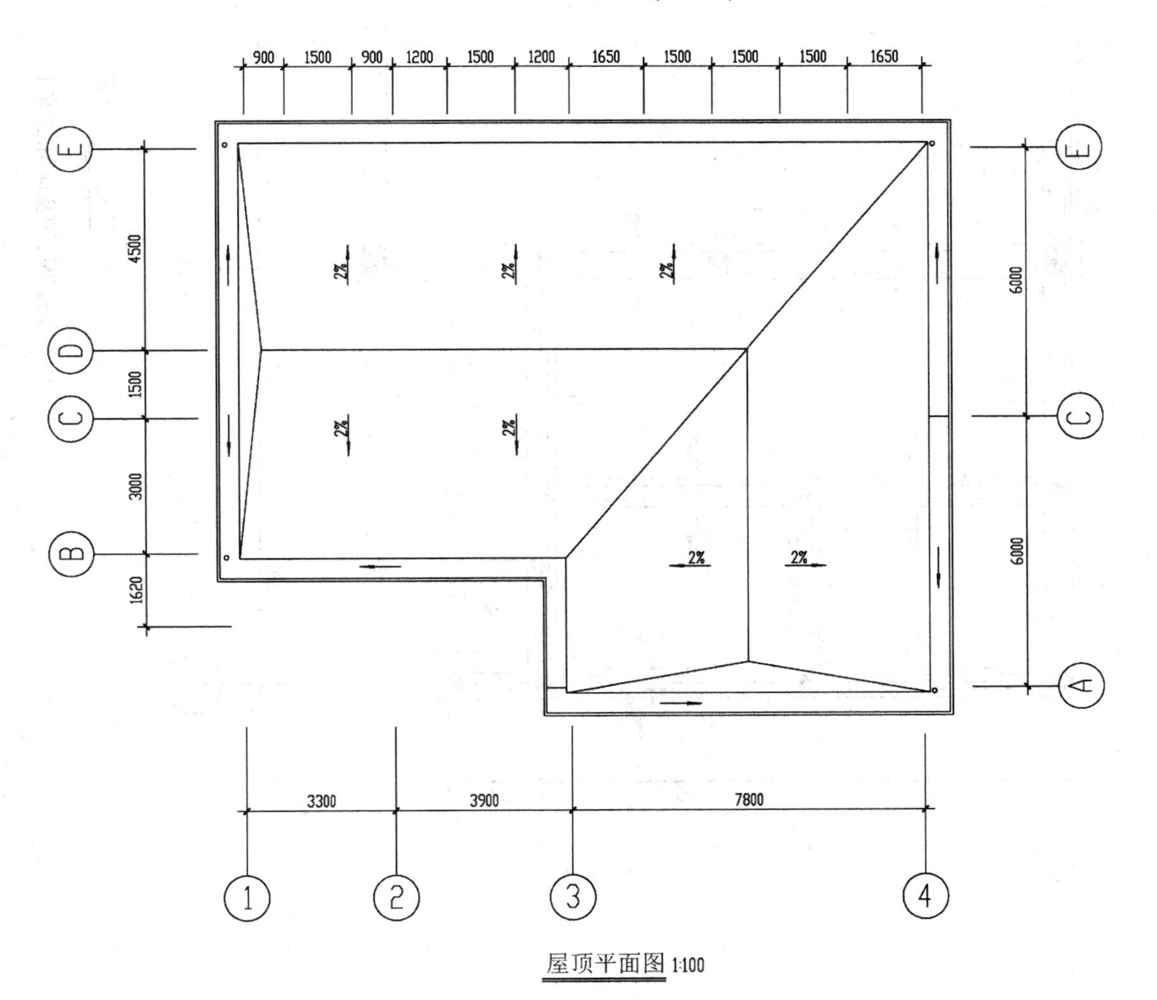

图 2.6　屋顶平面图(建施 6)

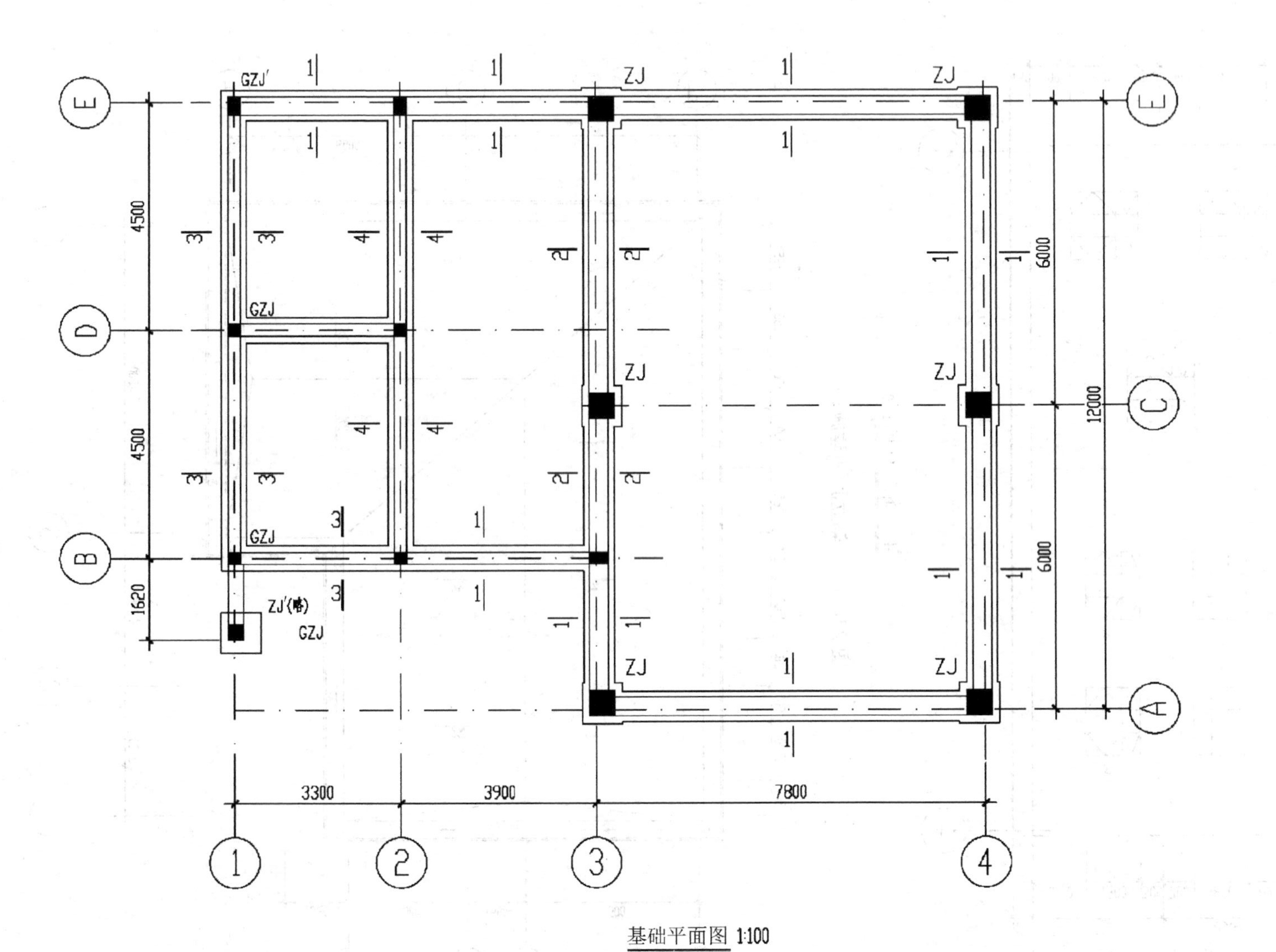

图 2.7　基础平面图及详图(结施 1)

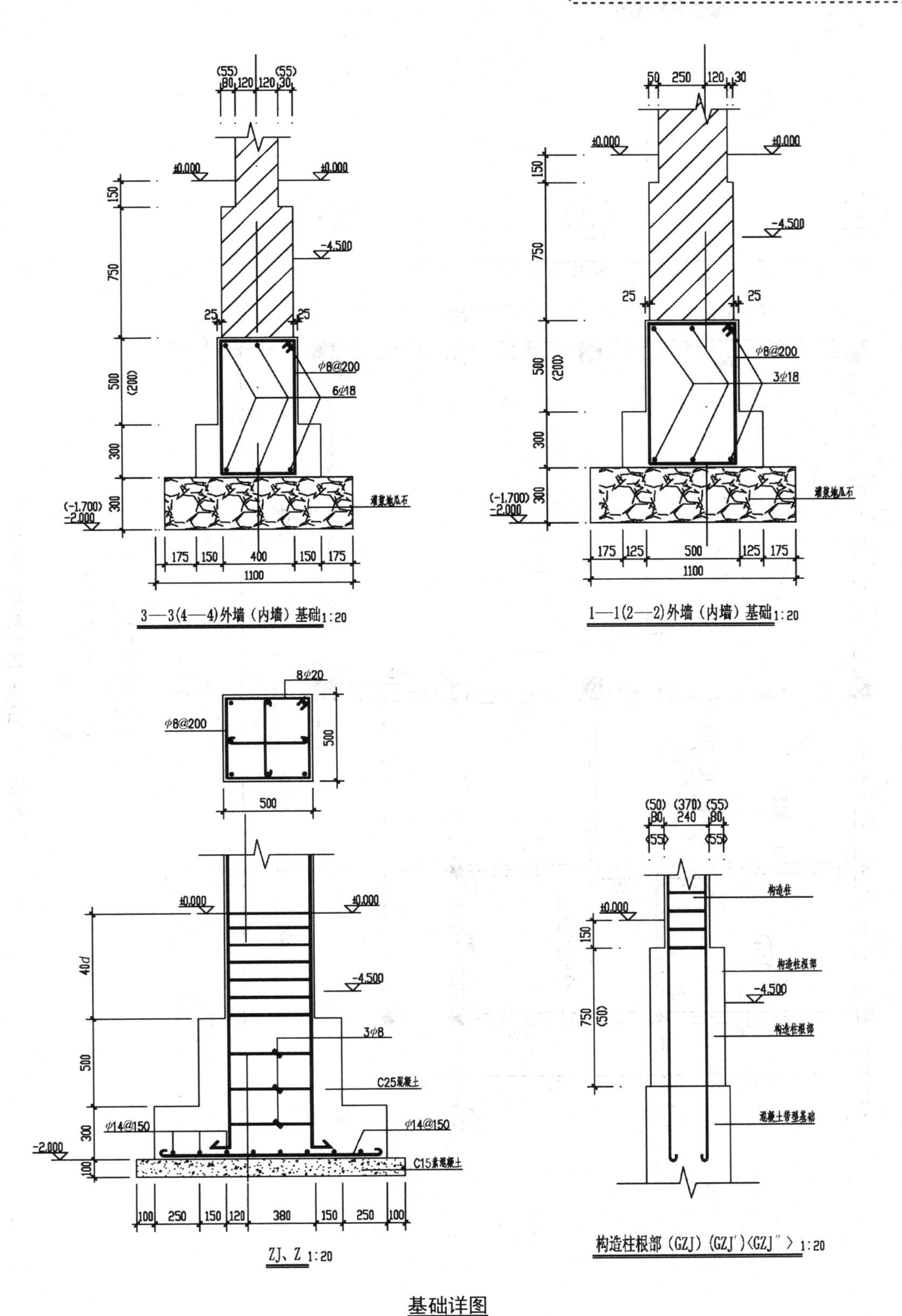

基础详图

图 2.7 基础平面图及详图(结施 1)(续)

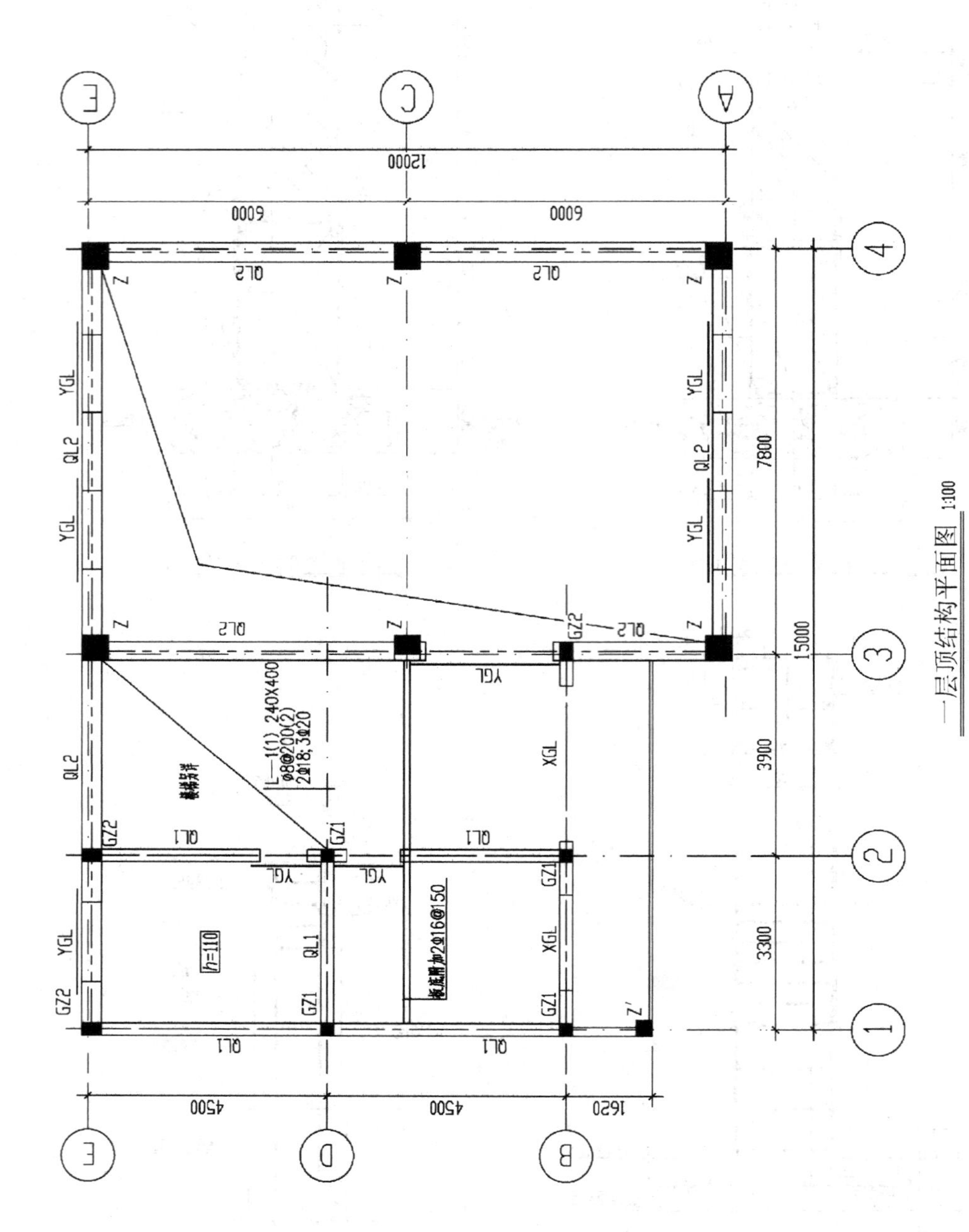

图 2.8　一层顶结构平面图(结施 2)

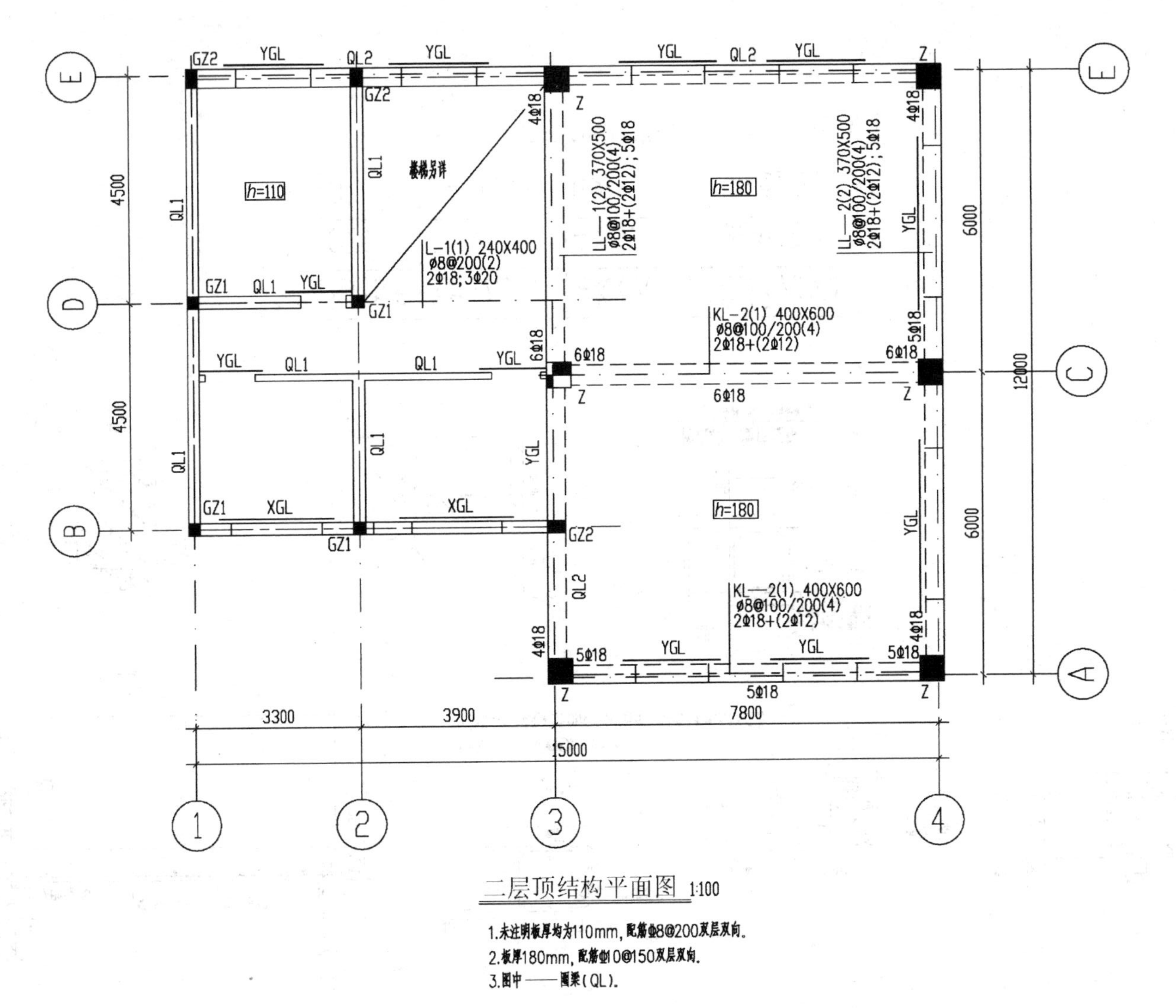

图 2.9 二层顶结构平面图(结施 3)

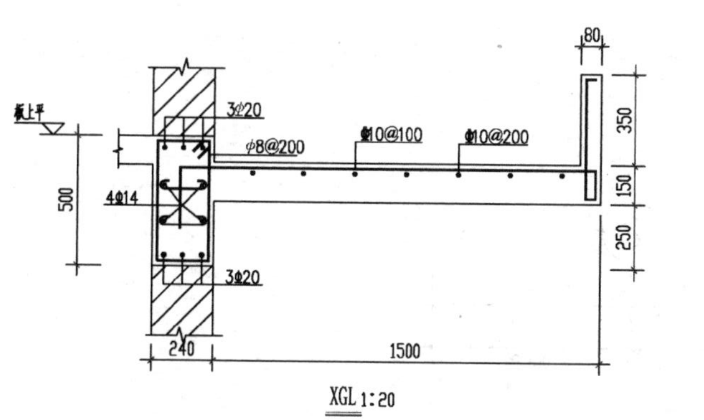

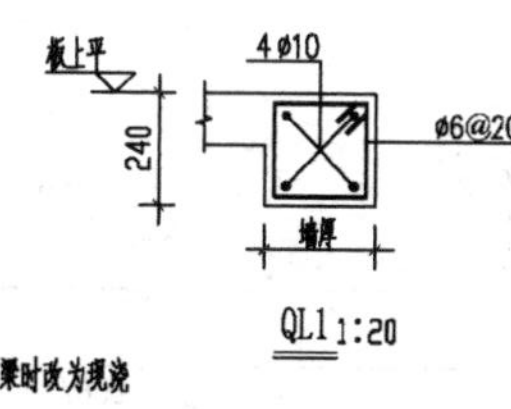

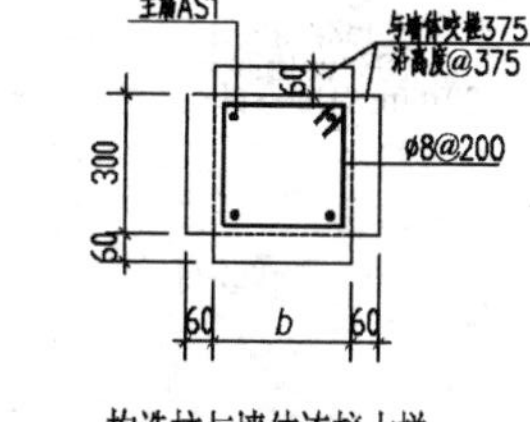

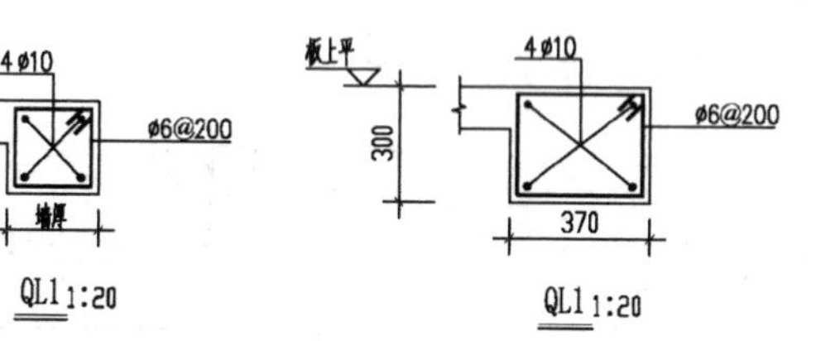

1.洞口高度>2m时梁高为300mm

2.梁长=洞口宽度+250mm×2，遇柱、构造柱、圈梁时改为现浇

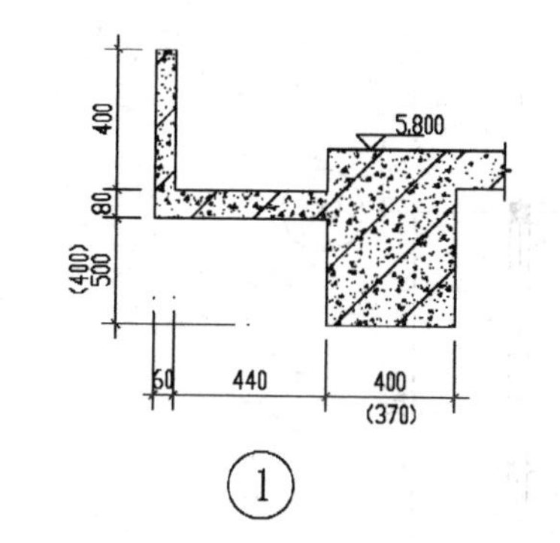

构造柱与墙体连接大样 1:20

b和h分别为构造柱的长和宽

构造柱号	尺寸(b×h)	主筋(AS1)	箍筋(ASv)
GZ1	240X240	4Φ12	Ø6@200
GZ2	240X370	6Φ12	Ø6@200

图 2.10　节点详图(结施 4)

2.3.4 工程量清单的编制

下面以某老年活动室工程为例，编制该工程建筑及装饰装修部分清单的各项内容，“项目编码”参照国家标准《房屋建筑与装饰工程计量规范》的要求填写，“项目特征”参照国家标准《房屋建筑与装饰工程计量规范》和《山东省建筑工程工程量清单项目设置及计算规则》的要求填写，见表2-21～表2-31，封面的填写形式如下。

某老年活动室工程建筑及装饰装修工程

工 程 量 清 单

招　标　人：×××单位公章 (单位盖章)	工程造价 咨　询　人： (单位资质专用章)
法定代表人　×××单位 或其授权人：法定代表人 (签字或盖章)	法定代表人 或其授权人： (签字或盖章)
×××签字 盖造价工程师 编　制　人：或造价员专用章 (造价人员签字盖专用章)	×××签字 复　核　人：盖造价工程师专用章 (造价工程师签字盖专用章)
编制时间：××××年××月××日	复核时间：××××年××月××日

表2-21　总说明(某老年活动室工程)

工程名称：某老年活动室工程　　　　第1页 共1页

1．工程概况：本工程地处闹市区，为一两层老年活动室，总建筑面积231.47m^2，总高度6.25m，层高2.9m，活动室层高5.8m；为部分砖混、部分框架结构，计划施工工期为30日历天。施工现场临近公路，交通运输方便，施工中应注意采取相应的防噪和排污措施。

2．工程招标和分包范围：本次招标范围为施工图范围内的全部建筑及装饰装修工程，其中安装工程另外进行专业分包。

3．工程量清单编制依据：国家标准《建设工程工程量清单计价规范》、《房屋建筑与装饰工程计量规范》、《山东省建设工程工程量清单项目设置及计算规则》、施工图样及施工现场情况等。

4．工程质量应达到合格标准。

5．工程所需的所有材料均由投标人采购。

6．考虑到施工中可能发生的设计变更、工程量清单有误、政策性调整及材料价格风险等因素，暂列金额3万元。

7．其他：总承包人应按专业工程承包人的要求提供施工工作面、垂直运输机械等，并对施工现场进行统一管理，对竣工资料进行统一整理和汇总，并承担相应的垂直运输机械费用。

表 2-22　分部分项工程量清单与计价表(建筑工程部分)

工程名称：某老年活动室建筑工程　　　　　　　　标段：　　　　　　　　第1页 共1页

序号	项目编号	项目名称	项目特征	计量单位	工程量	金额/元		
						综合单价	合价	其中：暂估价
		A 土(石)方工程						
1	010101001001	平整场地	土壤类别为普通土，土方就地挖、填、找平	m^2	164.94			
2	010101003001	挖沟槽土方	1. 土壤类别：普通土 2. 基础类型：条基 3. 挖土深度：2m 内，沟槽挖土槽边就地堆放	m^3	98.34			
3	010101004001	挖基坑土方	1. 土壤类别：普通土 2. 基础类型：独立基础 3. 挖土深度：2m 内，沟槽挖土槽边就地堆放	m^3	22.28			
4	010103001001	土(石)方回填基础	场内取土，人工夯填	m^3	37.67			
5	010103001002	土(石)方回填房心	场内取土，人工夯填	m^3	36.71			
		分 部 小 计						
		D 砌筑工程						
6	010401001001	砖基础	1. 机制红砖，240mm×115mm×53mm 2. M5 混合砂浆	m^3	20.77			
7	010401005001	空心砖墙	1. 承重型黏土空心砖 240mm×115mm×115mm 2. 墙体厚度 240 mm 3. M5 混合砂浆	m^3	27.38			
8	010401005002	空心砖墙	1. 承重型黏土空心砖 240mm×115mm×115mm 2. 墙体厚度 365mm 3. M5 混合砂浆	m^3	10.05			
9	010401005003	空心砖墙	1. 非承重型黏土空心砖 240mm×240mm×115mm 2. 墙体厚度 365mm 3. M5 混合砂浆	m^3	53.04			
10	010401005004	空心砖墙	1. 非承重型黏土空心砖 240mm×115mm×53mm 2. 墙体厚度 115mm 3. M5 混合砂浆	m^3	1.57			
		(其他略)						
		分 部 小 计						

续表

序号	项目编号	项目名称	项目特征	计量单位	工程量	金额/元		
						综合单价	合价	其中：暂估价
		E 混凝土及钢筋混凝土工程						
11	010501002001	带形基础	1．基础类型：有梁式带形基础 2．混凝土强度等级：C25 3．现场搅拌混凝土	m^3	27.77			
12	010501003001	独立基础	1．基础类型：独立基础 2．混凝土强度等级：C25 3．现场搅拌混凝土	m^3	4.96			
13	010502001001	矩形柱	1．柱种类：矩形柱 2．混凝土强度等级：C25 3．现场搅拌混凝土	m^3	10.50			
14	010502002001	构造柱	1．柱种类：构造柱 2．混凝土强度等级：C20 3．现场搅拌混凝土	m^3	4.60			
15	010503002001	矩形梁	1．混凝土强度等级：C25 2．现场搅拌混凝土	m^3	6.60			
16	010503004001	圈梁	1．混凝土强度等级：C20 2．现场搅拌混凝土	m^3	9.63			
17	010503005001	过梁	1．混凝土强度等级：C20 2．现场搅拌混凝土	m^3	1.19			
18	010505003001	平板	1．混凝土强度等级：C25 2．现场搅拌混凝土	m^3	31.36			
19	010505007001	天沟、挑檐板	1．混凝土强度等级：C20 2．现场搅拌混凝土	m^3	3.56			
20	010505008001	雨篷、阳台板	1．混凝土强度等级：C20 2．现场搅拌混凝土	m^3	1.86			
21	010510003001	过梁成品	混凝土强度等级：C20	m^3	2.07			
22	010514002001	其他构件	1．预制小型构件 2．混凝土强度等级：C20	m^3	0.65			
23	010515001001	现浇混凝土钢筋	圆钢筋 ϕ 10	t	0.279			
24	010515001002	现浇混凝土钢筋	圆钢筋 ϕ 12	t	0.014			
25	010515001007	现浇混凝土钢筋	圆钢筋 ϕ 14	t	0.197			
26	010515001003	现浇混凝土钢筋	螺纹钢筋 ϕ 6.5	t	0.004			
27	010515001004	现浇混凝土钢筋	螺纹钢筋 ϕ 8	t	0.868			
28	010515001005	现浇混凝土钢筋	螺纹钢筋 ϕ 10	t	1.745			
29	010515001006	现浇混凝土钢筋	螺纹钢筋 ϕ 12	t	0.589			
30	010515001008	现浇混凝土钢筋	螺纹钢筋 ϕ 14	t	0.055			
31	010515001009	现浇混凝土钢筋	螺纹钢筋 ϕ 16	t	0.036			
32	010515001010	现浇混凝土钢筋	螺纹钢筋 ϕ 18	t	2.046			
33	010515001011	现浇混凝土钢筋	螺纹钢筋 ϕ 20	t	1.205			
34	010515001012	现浇混凝土钢筋	箍筋 ϕ 6.5	t	0.210			

续表

序号	项目编号	项目名称	项目特征	计量单位	工程量	金额/元		
						综合单价	合价	其中：暂估价
35	010515001013	现浇混凝土钢筋	箍筋ϕ8	t	0.957			
		(其他略)						
		分 部 小 计						
		I 屋面及防水工程						
36	010902001001	屋面卷材防水	1. 1∶2 水泥砂浆找平 20mm 厚 2. PVC 橡胶卷材	m^2	194.01			
37	010902002001	屋面涂膜防水	1. 1∶3 水泥砂浆找平层 20mm 厚 2. 聚氨酯涂膜防水，两遍	m^2	194.01			
		(其他略)						
		分部小计						
		J 保温、隔热、防腐工程						
38	011001001001	保温隔热屋面	1. 干铺憎水珍珠岩块 80mm 厚 2. 1∶10 现浇水泥珍珠岩找坡 1.5%	m^2	179.39			
		分 部 小 计						
合 计								

表 2-23 分部分项工程量清单与计价表(装饰装修工程部分)

工程名称：某老年活动室装饰装修工程 标段： 第 1 页 共 1 页

序号	项目编号	项目名称	项目特征	计量单位	工程量	金额/元		
						综合单价	合价	其中：暂估价
		K 楼地面装饰工程						
1	011102003001	块料楼地面 地面	1. 1∶3 水泥砂浆灌铺地瓜石厚 150mm 2. 1∶3 水泥砂浆找平厚 20mm 3. 1∶2.5 水泥细砂浆厚 10mm，粘贴全瓷抛光地板砖，地板砖规格 800mm×800mm 4. 楼地面酸洗打蜡	m^2	57			
2	011102003002	块料楼地面 楼面	1. 1∶3 水泥砂浆找平厚 20mm 2. 1∶2.5 水泥细砂浆厚 10mm，粘贴全瓷抛光地板砖，地板砖规格 800mm×800mm 3. 楼地面酸洗打蜡	m^2	41.5			

续表

序号	项目编号	项目名称	项目特征	计量单位	工程量	金额/元		
						综合单价	合价	其中：暂估价
3	011104002001	竹木地板复合木地板	1．1∶3 水泥砂浆灌铺地瓜石厚 150mm 2．1∶3 水泥砂浆找平厚 20mm 3．干铺厚 4～5mm 软泡沫塑料垫层 4．铺厚 18mm 企口硬木地板	m^2	83.95			
4	011105003001	块料踢脚线 预制水磨石	1．踢脚线高 200mm 2．1∶2.5 水泥细砂浆厚 10mm，粘贴预制水磨石块	m^2	12.95			
5	011105005001	木质踢脚线	直线形实木踢脚线高 200mm	m^2	6.44			
		(其他略)						
		分部小计						
		L 墙、柱面装饰与隔断、幕墙工程						
6	011201001001	墙面一般抹灰	1．砖墙面 2．1∶3 水泥砂浆打底厚 14mm 3．1∶2.5 水泥砂浆压光厚 6mm	m^2	418.84			
7	011204003001	块料墙面 内墙瓷砖 152mm×152mm	1．1∶3 水泥砂浆打底厚 6mm 2．1∶1 水泥细砂浆厚 6mm，粘贴瓷砖 152mm×152mm，白水泥浆擦缝	m^2	38.84			
8	011204003002	块料墙面 外墙面砖 240mm×60mm	1．1∶3 水泥砂浆打底厚 14mm 2．1∶2 水泥砂浆找平厚 6mm，刷素水泥浆一遍 3．1∶1 水泥细砂浆厚 5mm，粘贴面砖，面砖规格 60mm×240mm，素水泥浆擦缝 4．灰缝 5mm 以内	m^2	290.17			
		(其他略)						
		分 部 小 计						
		M 天棚工程						
9	011301001001	天棚抹灰	1．基层类型:现浇混凝土 2．刷素水泥浆一遍 3．1∶3 水泥砂浆找平厚 10mm 4．1∶2.5 水泥砂浆压光厚 7mm	m^2	99.05			

续表

序号	项目编号	项目名称	项目特征	计量单位	工程量	金额/元		
						综合单价	合价	其中：暂估价
10	011302001001	天棚吊顶	1. 现浇混凝土板底吊不上人装配式U形轻钢龙骨，间距450mm×450mm 2. 轻钢龙骨上铺中密度板 3. 面层粘贴厚6mm铝塑板	m^2	83.95			
		(其他略)						
		分部小计						
		H 门窗工程(暂计入装饰部分)						
11	010801001001	木质门(镶板木门)	无纱、玻璃镶木板门、双扇无亮，平板玻璃3mm	m^2	5.04			
12	010801001002	木质门(胶合板门)	无纱、玻璃胶合板门、单扇带亮	m^2	7.20			
13	010801001003	木质门(胶合板门)	无纱、胶合板门、单扇无亮，胶合板门扇安装小百叶	m^2	3.78			
14	010801001004	木质门(半玻自由门)	半玻自由门、双扇带亮，平板玻璃3mm	樘	1			
15	010806001001	木质窗(平开窗)	一玻一纱窗、双裁口单层玻璃窗、三扇带亮，平板玻璃3mm	m^2	8.10			
16	010806001002	木质窗(平开窗)	单层玻璃木窗、三扇带亮，洞口尺寸1500mm×1500mm，平板玻璃3mm	m^2	6.75			
17	010806001003	木质窗(平开窗)	单层玻璃木窗、三扇带亮，洞口尺寸1500mm×1200mm，平板玻璃3mm	m^2	7.20			
18	010806001004	木质窗(矩形木固定窗)	框上装玻璃，平板玻璃3mm	m^2	14.40			
		(其他略)						
		分 部 小 计						
		N 油漆、涂料、裱糊工程						
19	011407002001	刷喷涂料 顶棚	1. 顶棚抹灰面满刮腻子两遍 2. 顶棚刷乳胶漆两遍	m^2	99.05			
20	011407001001	刷喷涂料 内墙	1. 内墙抹灰面满刮腻子两遍 2. 墙柱光面刷乳胶漆两遍	m^2	418.84			
		(其他略)						
		分 部 小 计						
合　　计								

表 2-24　措施项目清单与计价表(建筑工程)

工程名称：某老年活动室建筑工程　　标段：　　第 1 页　共 1 页

序号	项目名称	计算基础	费率/(%)	金额/元
1	安全文明施工费			
2	夜间施工费			
3	二次搬运费			
4	冬雨季施工			
5	已完工程及设备保护			
6	各专业工程的措施项目			
6.1	脚手架			
6.2	垂直运输机械			
6.3	混凝土、钢筋混凝土模板及支架			
合　计				

表 2-25　措施项目清单与计价表(装饰装修工程)

工程名称：某老年活动室装饰装修工程　　标段：　　第 1 页　共 1 页

序号	项目名称	计算基础	费率/(%)	金额/元
1	安全文明施工费			
2	夜间施工费			
3	二次搬运费			
4	冬雨季施工			
5	已完工程及设备保护			
6	各专业工程的措施项目			
6.1	脚手架			
6.2	垂直运输机械			
合　计				

表 2-26　其他项目清单与计价汇总表(某老年活动室工程)

工程名称：某老年活动室工程　　标段：　　第 1 页　共 1 页

序号	项目名称	计量单位	金额/元	备注
1	暂列金额	项		明细详见表 2-27
2	暂估价			
2.1	专业工程暂估价	项		明细详见表 2-28
3	计日工			明细详见表 2-29
4	总承包服务费			明细详见表 2-30
合　计				

表 2-27　暂列金额明细表(某老年活动室工程)

工程名称：某老年活动室工程　　　　标段：　　　　第1页 共1页

序号	项目名称	计量单位	金额/元	备注
1	设计变更、工程量清单有误	项		
2	国家的法律、法规、规章和政策发生变化时的调整及材料价格风险	项		
3	索赔与现场签证等	项		
合　计				—

表 2-28　专业工程暂估价表(某老年活动室工程)

工程名称：某老年活动室工程　　　　标段：　　　　第1页 共1页

序号	工程名称	工程内容	金额/元	备注
1	安装工程	施工图范围内的水、电、暖		
合　计				—

表 2-29　计日工表(某老年活动室工程)

工程名称：某老年活动室工程　　　　标段：　　　　第1页 共1页

序号	项目名称	单位	暂定数量	综合单价/元	合价/元
一	人工				
1	普通工	工日	50		
2	技工(综合)	工日	30		
人工小计					
二	材料				
1	水泥 42.5MPa	t	1		
2	中砂	m^3	8		
材料小计					
三	施工机械				
1	灰浆搅拌机(400L)	台班	1		
施工机械小计					
合　计					

表 2-30　总承包服务费计价表(某老年活动室工程)

工程名称：某老年活动室工程　　　　标段：　　　　第 1 页　共 1 页

项目名称	项目价值/元	服务内容	费率/(%)	金额/元
发包人发包专业工程(安装工程)	30000	总承包人应按专业工程承包人的要求提供施工工作面、垂直运输机械等，并对施工现场进行统一管理，对竣工资料进行统一整理和汇总，并承担相应的垂直运输机械费用		
合　计				

表 2-31　规费、税金项目清单与计价表(某老年活动室工程)

工程名称：某老年活动室工程　　　　标段：　　　　第 1 页　共 1 页

序号	项目名称	计算基础	费率/(%)	金额/元
1	规费			
1.1	工程排污费			
1.2	社会保障费			
(1)	养老保险费			
(2)	失业保险费			
(3)	医疗保险费			
1.3	住房公积金			
1.4	工伤保险费			
2	税金			
合　计				

2.3.5　工程量清单报价的编制

下面以 2.3.4 节的工程量清单为例，编制该工程建筑及装饰装修部分清单报价的各项内容，见表 2-32～表 2-55，封面的填写形式如下。

投 标 总 价

招 标 人：×××单位

工程名称：某老年活动室工程

投标总价(小写)：440653.66 元

(大写)：肆拾肆万零陆佰伍拾叁元陆角陆分

投 标 人：×××建筑公司单位公章

(单位盖章)

法定代表人

或其授权人：×××建筑公司法定代表人

(签字或盖章)

编 制 人：×××签字 盖造价工程师或造价员专用章

(造价人员签字盖专用章)

编制时间：××××年××月××日

表 2-32　总说明

工程名称：某老年活动室工程　　　　第 1 页 共 1 页

1. 工程概况：本工程地处闹市区，为一两层老年活动室，总建筑面积 231.47m^2，总高度 6.25m，层高 2.9m，活动室层高 5.8m；为部分砖混、部分框架结构，计划施工工期为 28 日历天。施工现场临近公路，交通运输方便，施工中采取相应的防噪和排污措施。

2. 工程投标报价范围：为本次招标工程施工图范围内的建筑和装饰装修工程。

3. 投标报价的编制依据如下。

(1) 招标文件、工程量清单及有关报价的要求。

(2) 招标文件的补充通知和答疑纪要。

(3) 施工图样及投标的施工组织设计。

(4) 《建设工程工程量清单计价规范》、《山东省建筑工程工程量清单计价办法》、《山东省建筑工程消耗量定额》、省(市)定额站发布的价格信息及有关计价文件等。

(5) 有关的技术标准、规范和安全管理规定等。

表 2-33　工程项目投标报价汇总表

工程名称：某老年活动室工程　　　　第 1 页 共 1 页

序号	单项工程名称	金额/元	其中/元		
			暂估价	安全文明施工费	规费
1	×××工程	440653.66	30000	11353.37	10011.17
合　计		440653.66	30000	11353.37	10011.17

表 2-34　单项工程投标报价汇总表

工程名称：某老年活动室工程　　　　第 1 页 共 1 页

序号	单位工程名称	金额/元	其中/元		
			暂估价	安全文明施工费	规费
1	×××工程	440653.66	30000	11353.37	10011.17
合　计		440653.66	30000	11353.37	10011.17

表 2-35　单位工程投标报价汇总表

工程名称：某老年活动室工程　　　　标段：　　　　第 1 页 共 1 页

序号	汇总内容	金额/元	其中：暂估价/元
1	分部分项工程	283441.76	
	建筑工程	138597.42	
1.1	A 土(石)方工程	5323.30	
1.2	D 砌筑工程	31473.91	
1.3	E 混凝土及钢筋混凝土工程	64352.96	
1.4	I 屋面及防水工程	28441.87	

续表

序号	汇总内容	金额/元	其中：暂估价/元
1.5	J 保温、防腐、隔热工程	9005.38	
	装饰装修工程	144844.34	
1.6	K 楼地面装饰工程	75317.92	
1.7	L 墙、柱面装饰与隔断、幕墙工程	31215.21	
1.8	M 天棚工程	21717.18	
1.9	H 门窗工程	9620.91	
1.10	N 油漆、涂料、裱糊工程	6973.12	
2	措施项目	65795.45	
2.1	其中：安全文明施工费	11353.37	
3	其他项目	66557.00	
3.1	其中：暂列金额	30000.00	
3.2	其中：专业工程暂估价	30000.00	30000
3.3	其中：计日工	5057.00	
3.4	其中：总承包服务费	1500.00	
4	规费	10011.17	
5	税金	14848.28	
投标报价合计=1+2+3+4+5		440653.66	

表 2-36 分部分项工程量清单与计价表(一)(建筑工程部分)

工程名称：某老年活动室建筑工程　　　　标段：　　　　第 1 页 共 1 页

序号	项目编号	项目名称	项目特征	计量单位	工程量	金额/元		
						综合单价	合价	其中：暂估价
		A 土(石)方工程						
1	010101001001	平整场地	土壤类别为普通土，土方就地挖、填、找平	m^2	164.94	4.25	701.00	
2	010101003001	挖沟槽土方	1．土壤类别：普通土 2．基础类型：条基 3．挖土深度：2m 内，沟槽挖土槽边就地堆放	m^3	98.34	25.44	2501.77	
3	010101004001	挖基坑土方	1．土壤类别：普通土 2．基础类型：独立基础 3．挖土深度：2m 内，沟槽挖土槽边就地堆放	m^3	22.28	34.48	768.21	
4	010103001001	土(石)方回填基础	场内取土，人工夯填	m^3	37.67	29.75	1120.68	
5	010103001002	土(石)方回填房心	场内取土，人工夯填	m^3	36.71	6.31	231.64	
		分 部 小 计					5323.30	

续表

序号	项目编号	项目名称	项目特征	计量单位	工程量	金额/元		
						综合单价	合价	其中：暂估价
		D 砌筑工程						
6	010401001001	砖基础	1．机制红砖，240mm×115mm×53mm 2．M5 混合砂浆	m^3	20.77	342.43	7112.27	
7	010401005001	空心砖墙	1．承重型黏土空心砖240mm×115mm×115mm 2．墙体厚度 240 mm 3．M5 混合砂浆	m^3	27.38	318.38	8717.24	
8	010401005002	空心砖墙	1．承重型黏土空心砖240mm×115mm×115mm 2．墙体厚度 365mm 3．M5 混合砂浆	m^3	10.05	312.1	3136.61	
9	010401005003	空心砖墙	1．非承重型黏土空心砖240mm×240mm×115mm 2．墙体厚度 365mm 3．M5 混合砂浆	m^3	53.04	228.3	12109.03	
10	010401005004	空心砖墙	1．非承重型黏土空心砖240mm×115mm×53mm 2．墙体厚度 115mm 3．M5 混合砂浆	m^3	1.57	253.99	398.76	
		(其他略)						
		分部小计					31473.91	
		E 混凝土及钢筋混凝土工程						
11	010501002001	带形基础	1．基础类型：有梁式带形基础 2．混凝土强度等级：C25 3．现场搅拌混凝土	m^3	27.77	214.31	5951.39	
12	010501003001	独立基础	1．基础类型：独立基础 2．混凝土强度等级：C25 3．现场搅拌混凝土	m^3	4.96	270.55	1341.93	
13	010502001001	矩形柱	1．柱种类：矩形柱 2．混凝土强度等级：C25 3．现场搅拌混凝土	m^3	10.50	265.32	2785.86	
14	010502002001	构造柱	1．柱种类：构造柱 2．混凝土强度等级：C20 3．现场搅拌混凝土	m^3	4.60	268.59	1235.51	
15	010503002001	矩形梁	1．混凝土强度等级：C25 2．现场搅拌混凝土	m^3	6.60	247.17	1631.32	

续表

序号	项目编号	项目名称	项目特征	计量单位	工程量	金额/元		
						综合单价	合价	其中：暂估价
16	010503004001	圈梁	1．混凝土强度等级：C20 2．现场搅拌混凝土	m^3	9.63	268.8	2588.54	
17	010503005001	过梁	1．混凝土强度等级：C20 2．现场搅拌混凝土	m^3	1.19	279.65	332.78	
18	010505003001	平板	1．混凝土强度等级：C25 2．现场搅拌混凝土	m^3	31.36	247.36	7757.21	
19	010505007001	天沟、挑檐板	1．混凝土强度等级：C20 2．现场搅拌混凝土	m^3	3.56	287.54	1023.64	
20	010505008001	雨篷、阳台板	1．混凝土强度等级：C20 2．现场搅拌混凝土	m^3	1.86	27.86	51.82	
21	010510003001	过梁成品	混凝土强度等级：C20	m^3	2.07	855.72	1771.34	
22	010514002001	其他构件	1．预制小型构件 2．混凝土强度等级：C20	m^3	0.65	276.72	179.87	
23	010515001001	现浇混凝土钢筋	圆钢筋 ϕ 10	t	0.279	4624.84	1290.33	
24	010515001002	现浇混凝土钢筋	圆钢筋 ϕ 12	t	0.014	4680.23	65.52	
25	010515001007	现浇混凝土钢筋	圆钢筋 ϕ 14	t	0.197	4522.78	890.99	
26	010515001003	现浇混凝土钢筋	螺纹钢筋 ϕ 6.5	t	0.004	5162.11	20.65	
27	010515001004	现浇混凝土钢筋	螺纹钢筋 ϕ 8	t	0.868	4819.48	4183.31	
28	010515001005	现浇混凝土钢筋	螺纹钢筋 ϕ 10	t	1.745	4624.84	8070.35	
29	010515001006	现浇混凝土钢筋	螺纹钢筋 ϕ 12	t	0.589	4609.77	2715.15	
30	010515001008	现浇混凝土钢筋	螺纹钢筋 ϕ 14	t	0.055	4483.57	246.60	
31	010515001009	现浇混凝土钢筋	螺纹钢筋 ϕ 16	t	0.036	4385.29	157.87	
32	010515001010	现浇混凝土钢筋	螺纹钢筋 ϕ 18	t	2.046	4367.66	8936.23	
33	010515001011	现浇混凝土钢筋	螺纹钢筋 ϕ 20	t	1.205	4334.16	5222.66	
34	010515001012	现浇混凝土钢筋	箍筋 ϕ 6.5	t	0.21	5393.83	1132.70	
35	010515001013	现浇混凝土钢筋	箍筋 ϕ 8	t	0.957	4983.69	4769.39	
		(其他略)						
		分 部 小 计					64352.96	
		I 屋面及防水工程						
36	010902001001	屋面卷材防水	1．1∶2 水泥砂浆找平20mm 厚 2．PVC 橡胶卷材	m^2	194.01	73.96	14348.98	
37	010902002001	屋面涂膜防水	1．1∶3 水泥砂浆找平层20mm 厚 2．聚氨酯涂膜防水，两遍	m^2	194.01	72.64	14092.89	

续表

序号	项目编号	项目名称	项目特征	计量单位	工程量	金额/元		
						综合单价	合价	其中：暂估价
		(其他略)						
		分部小计					28441.87	
		J 保温、隔热、防腐工程						
38	011001001001	保温隔热屋面	1．干铺憎水珍珠岩块 80mm 厚 2．1∶10 现浇水泥珍珠岩找坡 1.5%	m^2	179.39	50.2	9005.38	
		分 部 小 计					9005.38	
合　　计							138597.42	

表 2-37　分部分项工程量清单与计价表(二)(装饰装修工程部分)

工程名称：某老年活动室装饰装修工程　　　　标段：　　　　第 1 页 共 1 页

序号	项目编号	项目名称	项目特征	计量单位	工程量	金额/元		
						综合单价	合价	其中：暂估价
		K 楼地面装饰工程						
1	011102003001	块料楼地面地面	1．1∶3 水泥砂浆灌铺地瓜石厚 150mm 2．1∶3 水泥砂浆找平厚 20mm 3．1∶2.5 水泥细砂浆厚 10mm，粘贴全瓷抛光地板砖，地板砖规格 800mm×800mm 4．楼地面酸洗打蜡	m^2	57	434.34	24757.38	
2	011102003002	块料楼地面楼面	1．1∶3 水泥砂浆找平厚 20mm 2．1∶2.5 水泥细砂浆厚 10mm，粘贴全瓷抛光地板砖，地板砖规格 800mm×800mm 3．楼地面酸洗打蜡	m^2	41.5	229.03	9504.75	
3	011104002001	竹木地板复合木地板	1．1∶3 水泥砂浆灌铺地瓜石厚 150mm 2．1∶3 水泥砂浆找平厚 20mm 3．干铺厚 4～5mm 软泡沫塑料垫层 4．铺厚 18mm 企口硬木地板	m^2	83.95	442.7	37164.67	

续表

序号	项目编号	项目名称	项目特征	计量单位	工程量	金额/元		
						综合单价	合价	其中：暂估价
4	011105003001	块料踢脚线 预制水磨石	1．踢脚线高 200mm 2．1∶2.5 水泥细砂浆厚 10mm，粘贴预制水磨石块	m²	12.95	87.50	1133.13	
5	011105005001	木质踢脚线	直线形实木踢脚线高 200mm	m²	6.44	428.26	2757.99	
		(其他略)						
		分部小计					75317.92	
		L 墙、柱面装饰与隔断、幕墙工程						
6	011201001001	墙面一般抹灰	1．砖墙面 2．1∶3 水泥砂浆打底厚 14mm 3．1∶2.5 水泥砂浆压光厚 6mm	m²	418.84	17.25	7224.99	
7	011204003001	块料墙面 内墙瓷砖 152mm×152mm	1．1∶3 水泥砂浆打底厚 6mm 2．1∶1 水泥细砂浆厚 6mm，粘贴瓷砖 152mm×152mm，白水泥浆擦缝	m²	38.84	75.28	2923.88	
8	011204003002	块料墙面 外墙面砖 240mm×60mm	1．1∶3 水泥砂浆打底厚 14mm 2．1∶2 水泥砂浆找平厚 6mm，刷素水泥浆一遍 3．1∶1 水泥细砂浆厚 5mm，粘贴面砖，面砖规格 60mm×240mm，素水泥浆擦缝 4．灰缝 5mm 以内	m²	290.17	72.60	21066.34	
		(其他略)						
		分 部 小 计					31215.21	
		M 天棚工程						
9	011301001001	天棚抹灰	1．基层类型：现浇混凝土 2．刷素水泥浆一遍 3．1∶3 水泥砂浆找平厚 10mm 4．1∶2.5 水泥砂浆压光厚 7mm	m²	99.05	17.69	1752.19	
10	011302001001	天棚吊顶	1．现浇混凝土板底吊不上人装配式 U 形轻钢龙骨，间距 450mm×450mm 2．轻钢龙骨上铺中密度板 3．面层粘贴厚 6mm 铝塑板	m²	83.95	237.82	19964.99	

续表

序号	项目编号	项目名称	项目特征	计量单位	工程量	金额/元		
						综合单价	合价	其中：暂估价
		(其他略)						
		分部小计					21717.18	
		H 门窗工程(暂计入装饰部分)						
11	010801001001	木质门(镶板木门)	无纱、玻璃镶木板门、双扇无亮，平板玻璃3mm	m^2	5.04	141.85	714.92	
12	010801001002	木质门(胶合板门)	无纱、玻璃胶合板门、单扇带亮	m^2	7.20	220.72	1589.18	
13	010801001003	木质门(胶合板门)	无纱、胶合板门、单扇无亮，胶合板门扇安装小百叶	m^2	3.78	252.5	954.45	
14	010801001004	木质门(半玻自由门)	半玻自由门、双扇带亮，平板玻璃3mm	樘	1	1690.25	1690.25	
15	010806001001	木质窗(平开窗)	一玻一纱窗、双裁口单层玻璃窗、三扇带亮，平板玻璃3mm	m^2	8.10	165.87	1343.55	
16	010806001002	木质窗(平开窗)	单层玻璃木窗、三扇带亮，洞口尺寸1500mm×1500mm，平板玻璃3mm	m^2	6.75	143.84	970.92	
17	010806001003	木质窗(平开窗)	单层玻璃木窗、三扇带亮，洞口尺寸1500mm×1200mm，平板玻璃3mm	m^2	7.20	146.59	1055.45	
18	010806001004	木质窗(矩形木固定窗)	框上装玻璃，平板玻璃3mm	m^2	14.40	90.43	1302.19	
		(其他略)						
		分部小计					9620.91	
		N 油漆、涂料、裱糊工程						
19	011407002001	刷喷涂料顶棚	1. 顶棚抹灰面满刮腻子两遍 2. 顶棚刷乳胶漆两遍	m^2	99.05	14.16	1402.55	
20	011407001001	刷喷涂料内墙	1. 内墙抹灰面满刮腻子两遍 2. 墙柱光面刷乳胶漆两遍	m^2	418.84	13.30	5570.57	
		(其他略)						
		分部小计					6973.12	
合计							144844.34	

表 2-38　措施项目清单与计价表(一)

工程名称：某老年活动室建筑工程　　　　　标段：　　　　　　　　第 1 页　共 1 页

序号	项目名称	计算基础	费率/(%)	金额/元
1	安全文明施工费	直接费	3.60	4989.51
2	夜间施工费	直接费	0.70	970.18
3	二次搬运费	直接费	0.60	831.58
4	冬雨季施工费	直接费	0.80	1108.78
5	已完工程及设备保护费	直接费	0.15	207.90
6	各专业工程的措施项目费			
6.1	脚手架			15066.30
6.2	垂直运输机械			4780.50
6.3	混凝土、钢筋混凝土模板及支架			27795.04
合　计				55749.79

表 2-39　措施项目清单与计价表(二)

工程名称：某老年活动室装饰装修工程　　　　　标段：　　　　　　　　第 1 页　共 1 页

序号	项目名称	计算基础	费率/(%)	金额/元
1	安全文明施工费	人工费	30.00	6363.86
2	夜间施工费	人工费	4.20	1145.75
3	二次搬运费	人工费	3.80	1036.64
4	冬雨季施工费	人工费	4.70	1282.14
5	已完工程及设备保护费	直接费	0.15	217.27
6	各专业工程的措施项目费			
6.1	脚手架			
6.2	垂直运输机械			
合　计				10045.66

表 2-30 中的“计算基础”和“费率”以国家、省(自治区、直辖市)发布的最新通知为准。

表 2-40　其他项目清单与计价汇总表

工程名称：某老年活动室工程　　　　　标段：　　　　　　　　第 1 页　共 1 页

序号	项目名称	计量单位	金额/元	备注
1	暂列金额	项	30000	明细详见表 2-41
2	暂估价		30000	
2.1	专业工程暂估价	项	30000	明细详见表 2-42
3	计日工		5057	明细详见表 2-43
4	总承包服务费		1500	明细详见表 2-44
合　计			66557	

表 2-41　暂列金额明细表

工程名称：某老年活动室工程　　　　标段：　　　　第1页 共1页

序号	项目名称	计量单位	金额/元	备注
1	设计变更、工程量清单有误	项	15000	
2	国家的法律、法规、规章和政策发生变化时的调整及材料价格风险	项	10000	
3	索赔与现场签证等	项	5000	
合　计			30000	—

表 2-42　专业工程暂估价表

工程名称：某老年活动室工程　　　　标段：　　　　第1页 共1页

序号	工程名称	工程内容	金额/元	备注
1	安装工程	施工图范围内的水、电、暖	30000	
合　计			30000	—

表 2-43　计日工表

工程名称：某老年活动室工程　　　　标段：　　　　第1页 共1页

序号	项目名称	单位	暂定数量	综合单价/元	合价/元
一	人工				
1	普通工	工日	50	44	2200
2	技工(综合)	工日	30	65	1950
人工小计					4150
二	材料				
1	水泥 42.5MPa	t	1	270	270
2	中砂	m^3	8	73	584
材料小计					854
三	施工机械				
1	灰浆搅拌机(400L)	台班	1	53	53
施工机械小计					53
合　计					5057

表 2-44　总承包服务费计价表

工程名称：某老年活动室工程　　　　标段：　　　　第 1 页　共 1 页

序号	项目名称	项目价值/元	服务内容	费率/(%)	金额/元
1	发包人发包专业工程(安装工程)	30000	总承包人应按专业工程承包人的要求提供施工工作面、垂直运输机械等，并对施工现场进行统一管理，对竣工资料进行统一整理和汇总，并承担相应的垂直运输机械费用	5	1500
合　计					1500

表 2-45　规费、税金项目清单与计价表

工程名称：某老年活动室工程　　　　标段：　　　　第 1 页　共 1 页

序号	项目名称	计算基础	费率/(%)	金额/元
1	规费			10011.17
1.1	工程排污费	按工程所在地环保部门规定按实计算		
1.2	社会保障费	按建安工程量 2.6%计算	2.60	8940.56
(1)	养老保险费			
(2)	失业保险费			
(3)	医疗保险费			
1.3	住房公积金	人工费	1.50	687.73
1.4	工伤保险费	按实际工程投保金额计算		382.88
2	税金	分部分项工程费+措施项目费+其他项目费+规费	3.41	14848.28
合　计				24859.45

注：表中的“计算基础”和“费率”以国家、省(自治区、直辖市)发布的最新通知为准。

特别提示

在编制“工程量清单综合单价分析表”时，需要对清单项目逐项进行分析，即每一个清单项目都要形成一个综合单价分析表，因而表格数量较多，在此仅列出几个有代表性的清单项目，以供实训时参考。

表 2-46 工程量清单综合单价分析表(一)

工程名称：某老年活动室工程　　　　标段：　　　　第 1 页 共 10 页

项目编码		010101003001		项目名称		挖沟槽土方		计量单位		m^3	
清单综合单价组成明细											
定额编号	定额名称	定额单位	数量	单价/元				合价/元			
				人工费	材料费	机械费	管理费和利润	人工费	材料费	机械费	管理费和利润
1-2-10	人工挖沟槽普通土深 2m 内	10m^3	0.178	115.92		0.49	9.66	20.6		0.09	1.72
1-4-4	基底钎探	10 眼	0.068	41.04			3.41	2.8			0.23
人工单价		小计						23.4		0.09	1.95
36 元/工日		未计价材料费									
清单项目综合单价								25.44			
材料费明细	主要材料名称、规格、型号					单位	数量	单价/元	合价/元	暂估单价/元	暂估合价/元
	其他材料费										
	材料费小计										

表 2-47 工程量清单综合单价分析表(二)

工程名称：某老年活动室工程　　　　标段：　　　　第 2 页 共 10 页

项目编码		010401005001		项目名称		空心砖墙		计量单位		m^3	
清单综合单价组成明细											
定额编号	定额名称	定额单位	数量	单价/元				合价/元			
				人工费	材料费	机械费	管理费和利润	人工费	材料费	机械费	管理费和利润
3-3-15	M5 混浆承重型黏土空心砖墙 240	10m^3	0.1	448.56	2475.81	15.4	244	44.86	247.58	1.54	24.4
人工单价		小计									
36 元/工日		未计价材料费									
清单项目综合单价								318.38			

续表

项目编码	010401005001		项目名称		空心砖墙		计量单位		m³
清单综合单价组成明细									
定额编号	定额名称	定额单位	数量	单价/元				合价/元			
				人工费	材料费	机械费	管理费和利润	人工费	材料费	机械费	管理费和利润
材料费明细	主要材料名称、规格、型号				单位	数量	单价/元	合价/元	暂估单价/元	暂估合价/元
	M5 混合砂浆				m^3	0.176	123.75	21.78		
	承重黏土空心砖 240mm×115mm×115mm				千块	0.272	830	225.76		
	石灰				t	(0.00968)	125	(1.21)		
	普通硅酸盐水泥 32.5MPa				t	(0.0359)	252	(9.05)		
	黄砂(过筛中砂)				m^3	(0.17864)	63	(11.25)		
	其他材料费							0.04		
	材料费小计							247.58		

表 2-48　工程量清单综合单价分析表(三)

工程名称：某老年活动室工程　　　　标段：　　　　第 3 页　共 10 页

定额编号	定额名称	定额单位	数量	单价/元 人工费	单价/元 材料费	单价/元 机械费	单价/元 管理费和利润	合价/元 人工费	合价/元 材料费	合价/元 机械费	合价/元 管理费和利润
项目编码	010502001002		项目名称		矩形柱			计量单位		m³	
清单综合单价组成明细											
4-2-20	C203 现浇构造柱	$10m^3$	0.1	780.80	1508.50	10.40	190.88	78.08	150.85	1.04	19.09
4-4-16	柱、墙、梁、板现场搅拌混凝土	$10m^3$	0.1	82.40	31.10	66.80	14.96	8.24	3.11	6.68	1.50
人工单价		小计						86.32	153.96	7.72	20.59
36 元/工日		未计价材料费									
清单项目综合单价								268.59			
材料费明细	主要材料名称、规格、型号					单位	数量	单价/元	合价/元	暂估单价/元	暂估合价/元
	C20 现浇混凝土					m^3	1	147.30	147.30		
	水泥砂浆 1∶2					m^3	0.015	209.04	3.14		
	黄砂(过筛中砂)					m^3	(0.4185)	63.00	(26.37)		
	普通硅酸盐水泥 32.5MPa					t	(0.36025)	252.00	(90.78)		
	碎石 20～40mm					m^3	(0.93)	35.00	(32.55)		
	其他材料费								3.52		
	材料费小计								153.96		

表 2-49 工程量清单综合单价分析表(四)

工程名称：某老年活动室工程　　　　标段：　　　　第 4 页 共 10 页

项目编码	010515001008	项目名称	现浇混凝土钢筋	计量单位	t

定额编号	定额名称	定额单位	数量	单价/元				合价/元			
				人工费	材料费	机械费	管理费和利润	人工费	材料费	机械费	管理费和利润
4-1-14	现浇构件螺纹钢筋 ϕ14	t	1	284.4	3772.87	82.68	343.62	284.40	3772.87	82.68	343.62
人工单价		小计						284.40	3772.87	82.68	343.62
36 元/工日		未计价材料费									
清单项目综合单价											

材料费明细	主要材料名称、规格、型号	单位	数量	单价/元	合价/元	暂估单价/元	暂估合价/元
	螺纹钢筋 ϕ14	t	1.02	3624.00	3696.48		
	电焊条	kg	7.20	7.80	56.16		
	镀锌铁丝	kg	3.39	5.80	19.66		
	其他材料费				0.57		
	材料费小计				3772.87		

表 2-50 工程量清单综合单价分析表(五)

工程名称：某老年活动室工程　　　　标段：　　　　第 5 页 共 10 页

项目编码	010902002001	项目名称	屋面涂膜防水	计量单位	m^2

定额编号	定额名称	定额单位	数量	单价/元				合价/元			
				人工费	材料费	机械费	管理费和利润	人工费	材料费	机械费	管理费和利润
9-1-1	1∶3砂浆硬基层上找平层20	$10m^2$	0.1	28.10	40.10	2.40	5.86	2.81	4.01	0.24	0.59
6-2-71	聚氨酯两遍	$10m^2$	0.1	14.80	585.30		49.81	1.48	58.53		4.98
人工单价		小计						4.29	62.54	0.24	5.57
36 元/工日		未计价材料费									
清单项目综合单价								72.64			

续表

项目编码	010902002001	项目名称	屋面涂膜防水	计量单位	m^2

清单综合单价组成明细

定额编号	定额名称	定额单位	数量	单价/元				合价/元			
				人工费	材料费	机械费	管理费和利润	人工费	材料费	机械费	管理费和利润

材料费明细	主要材料名称、规格、型号	单位	数量	单价/元	合价/元	暂估单价/元	暂估合价/元
	水泥砂浆 1∶3	m^3	0.0202	178.55	3.61		
	素水泥浆	m^3	0.001	379.64	0.38		
	二甲苯	kg	0.126	6.6	0.83		
	聚氨酯甲乙料	kg	2.7605	20.9	57.69		
	黄砂(过筛中砂)	m^3	(0.02424)	63	(1.53)		
	普通硅酸盐水泥 32.5MPa	t	(0.00966)	252	(2.43)		
	其他材料费				0.03		
	材料费小计				62.54		

表 2-51　工程量清单综合单价分析表(六)

工程名称：某老年活动室工程　　　　标段：　　　　第 6 页　共 10 页

项目编码	011102003001	项目名称	块料楼地面(地面)	计量单位	m^2

清单综合单价组成明细

定额编号	定额名称	定额单位	数量	单价/元				合价/元			
				人工费	材料费	机械费	管理费和利润	人工费	材料费	机械费	管理费和利润
2-1-10	1∶3 砂浆灌地瓜石垫层	$10m^3$	0.1	389.20	911.70	41.20	556.56	38.92	91.17	4.12	55.66
9-1-1	1∶3 砂浆硬基层上找平层 20	$10m^2$	0.1	28.10	40.10	2.40	40.18	2.81	4.01	0.24	4.02
9-1-115	全瓷地板砖楼地面 3200 内	$10m^2$	0.1	129.60	1965.40	9.90	185.33	12.96	196.54	0.99	18.53
9-1-160	楼地面酸洗打蜡	$10m^2$	0.1	15.80	5.30		22.60	1.58	0.53		2.26
人工单价		小计						56.27	292.25	5.35	80.47
36 元/工日		未计价材料费									
清单项目综合单价											

续表

项目编码	011102003001			项目名称			块料楼地面(地面)		计量单位		m²
清单综合单价组成明细											
定额编号	定额名称	定额单位	数量	单价/元				合价/元			
				人工费	材料费	机械费	管理费和利润	人工费	材料费	机械费	管理费和利润
材料费明细	主要材料名称、规格、型号					单位	数量	单价/元	合价/元	暂估单价/元	暂估合价/元
	水泥砂浆 1∶3					m³	0.318	178.55	56.79		
	水泥砂浆 1∶2.5					m³	0.010	198.96	1.99		
	素水泥浆					m³	0.002	379.64	0.76		
	地瓜石					m³	1.174	32.00	37.57		
	白水泥					kg	0.103	0.50	0.05		
	全瓷抛光地板砖 800mm×800mm					块	1.6	120.96	193.54		
	普通硅酸盐水泥 32.5MPa					t	(0.1365)	252	(34.4)		
	黄砂(过筛中砂)					m³	(0.394)	63	(24.82)		
	其他材料费								1.5		
	材料费小计								292.20		

表 2-52　工程量清单综合单价分析表(七)

工程名称：某老年活动室工程　　标段：　　第 7 页　共 10 页

项目编码	011204003002			项目名称			块料墙面 外墙面砖 240mm×60mm		计量单位		m²
清单综合单价组成明细											
定额编号	定额名称	定额单位	数量	单价/元				合价/元			
				人工费	材料费	机械费	管理费和利润	人工费	材料费	机械费	管理费和利润
9-2-222	砂浆粘贴面砖 240mm×60mm 灰缝 5mm 内	10m²	0.1	158.00	332.90	9.10	226.00	15.80	33.29	0.91	22.60
人工单价	小计							15.80	33.29	0.91	22.60
36 元/工日	未计价材料费										
清单项目综合单价								72.60			

续表

项目编码	011204003002	项目名称	块料墙面 外墙面砖 240mm×60mm	计量单位	m^2						
清单综合单价组成明细											
定额编号	定额名称	定额单位	数量	单价/元				合价/元			
				人工费	材料费	机械费	管理费和利润	人工费	材料费	机械费	管理费和利润
材料费明细	主要材料名称、规格、型号				单位	数量		单价/元	合价/元	暂估单价/元	暂估合价/元
	水泥砂浆 1∶1				m^3	0.0015		240.04	0.36		
	水泥砂浆 1∶2				m^3	0.0051		209.04	1.07		
	水泥砂浆 1∶3				m^3	0.0168		178.55	3.00		
	素水泥浆				m^3	0.001		379.64	0.38		
	瓷质外墙砖 240mm×60mm				块	64.4		0.43	27.69		
	普通硅酸盐水泥 32.5MPa				t	(0.0122)		252.00	(3.07)		
	黄砂(过筛中砂)				m^3	(0.0269)		63.00	(1.69)		
	其他材料费								0.79		
	材料费小计								33.29		

表 2-53 工程量清单综合单价分析表(八)

工程名称：某老年活动室工程　　标段：　　第 8 页 共 10 页

项目编码	011301001001	项目名称	天棚抹灰	计量单位	m^2						
清单综合单价组成明细											
定额编号	定额名称	定额单位	数量	单价/元				合价/元			
				人工费	材料费	机械费	管理费和利润	人工费	材料费	机械费	管理费和利润
9-3-3	现浇混凝土顶棚水泥砂浆抹灰	$10m^2$	0.1	56.90	36.60	2.00	81.40	5.69	3.66	0.20	8.14
人工单价		小计									
36 元/工日		未计价材料费									
清单项目综合单价								17.69			
材料费明细	主要材料名称、规格、型号				单位	数量		单价/元	合价/元	暂估单价/元	暂估合价/元
	水泥砂浆 1∶2.5				m^3	0.0072		198.96	1.43		
	水泥砂浆 1∶3				m^3	0.0101		178.55	1.8		
	素水泥浆				m^3	0.001		379.64	0.38		
	普通硅酸盐水泥 32.5MPa				t	(0.0091)		252	(2.29)		
	黄砂(过筛中砂)				m^3	(0.0208)		63	(1.31)		
	其他材料费								0.05		
	材料费小计								3.66		

表 2-54 工程量清单综合单价分析表(九)

工程名称：某老年活动室工程　　标段：　　第 9 页 共 10 页

项目编码		010801001001		项目名称		木质门(镶板木门)		计量单位		m^2	
清单综合单价组成明细											
定额编号	定额名称	定额单位	数量	单价/元				合价/元			
				人工费	材料费	机械费	管理费和利润	人工费	材料费	机械费	管理费和利润
5-1-15	双扇木门框制作	$10m^2$	0.1	19.4	196.8	4.2	27.74	1.94	19.68	0.42	2.77
5-1-47	双扇玻璃木门扇制作	$10m^2$	0.1	86.8	591.8	18.3	124.12	8.68	59.18	1.83	12.41
5-1-16	双扇木门框安装	$10m^2$	0.1	38.2	40.7	0.1	54.63	3.82	4.07	0.01	5.46
5-1-48	双扇玻璃木门扇安装	$10m^2$	0.1	42.1	26.8		60.2	4.21	2.68		6.02
5-9-4	双扇木门配件	10 樘	0.0198		436.52				8.64		
人工单价		小计						18.65	94.25	2.26	26.66
36 元/工日		未计价材料费									
清单项目综合单价								141.82			

材料费明细	主要材料名称、规格、型号	单位	数量	单价/元	合价/元	暂估单价/元	暂估合价/元
	门窗材	m^3	0.0412	1800	74.16		
	清油	kg	0.0175	14.5	0.25		
	油漆溶剂油	kg	0.0101	3.62	0.04		
	元钉	kg	0.091	5.3	0.48		
	白乳胶	kg	0.0714	5	0.36		
	木薄板(一等)12	m^3	0.00659	1100	7.25		
	石灰麻刀砂浆 1∶3	m^3	0.0015	132.67	0.2		
	平板玻璃	m^2	0.2177	11.8	2.57		
	油灰(桶装)	kg	0.1275	0.83	0.11		
	其他材料费				8.85		
	材料费小计				94.27		

表 2-55 工程量清单综合单价分析表(十)

工程名称：某老年活动室工程　　标段：　　第 10 页 共 10 页

项目编码		011407002001		项目名称		刷喷涂料 顶棚		计量单位		m^2	
清单综合单价组成明细											
定额编号	定额名称	定额单位	数量	单价/元				合价/元			
				人工费	材料费	机械费	管理费和利润	人工费	材料费	机械费	管理费和利润
9-4-209	顶棚、内墙抹灰面满刮腻子两遍	$10m^2$	0.1	15.8	5.4		22.59	1.58	0.54		2.26
9-4-151	室内顶棚刷乳胶漆两遍	$10m^2$	0.1	13.7	64.5		19.59	1.37	6.45		1.96

续表

项目编码			011407002001	项目名称			刷喷涂料 顶棚	计量单位		m^2
清单综合单价组成明细										
定额编号	定额名称	定额单位	数量	单价/元				合价/元		
				人工费	材料费	机械费	管理费和利润	人工费	材料费	机械费	管理费和利润
人工单价		小计						2.95	6.99		4.22
36 元/工日		未计价材料费									
清单项目综合单价								14.16			

材料费明细	主要材料名称、规格、型号	单位	数量	单价/元	合价/元	暂估单价/元	暂估合价/元
	108 胶	kg	0.1	1.5	0.15		
	滑石粉	kg	0.365	0.25	0.09		
	砂纸	张	0.68	0.5	0.34		
	乳胶漆	kg	0.292	21.92	6.4		
	其他材料费				0.01		
	材料费小计				6.99		

任务 2.4 某别墅施工图设计文件(实训)

下面为某别墅施工图设计文件，试根据该施工图编制以下内容：①编制出该工程的工程量清单；②编制出该工程的工程量清单报价。

2.4.1 建筑设计说明

建筑设计说明

1. 本工程为某集团别墅 17＃楼。
2. 本工程位于山坡地，地上 2 层，坡屋顶，阁楼不上人；为与别墅区其他别墅协调，坡屋顶坡度统一采用 1∶2.5，坡屋顶采用自由落水。
3. 方案经甲方同意。
4. 本设计采用砖混结构。
5. 总建筑面积：333.8m^2，总高度：8.1m；±0.000m 相当于绝对标高 193.00m。
6. 庭院及周围室外工程另外设计。

建筑做法说明(选用 LJ102)

1. 散水：散 7，混凝土水泥散水，宽 1000mm。
2. 地面：地 6，混凝土水泥地面；地 15，铺地砖地面。
3. 楼面：楼 11，细石混凝土水泥楼面。
   楼 19，铺地砖楼面(带防水层)，用于卫生间，采用防滑地砖。
4. 屋面：屋 21，铺地砖保护层屋面，保温层改为 100mm 厚憎水型珍珠岩保温板(用于平台)；坡屋面构造详建施(1/4)。
5. 内墙：内墙 6，混合砂浆抹面。
6. 外墙：外墙 5，水泥砂浆墙面，表面刷外墙涂料。
   外墙 13，贴釉面瓷砖墙面。

7．墙裙：裙 10，釉面瓷砖墙裙。
8．踢脚：踢 3，水泥砂浆踢脚，高 150mm。
9．顶棚：棚 6，混合砂浆顶棚。
　　　　棚 5，水泥砂浆顶棚。
10．油漆：油漆 7，清漆。
　　　　油漆 21，调和漆，锗石色，用于铁件。
11．粉刷：白色乳胶漆涂料两遍，用于内墙及顶棚。
12．其他：除注明外防水层均改为改性沥青卷材。

2.4.2 结构设计说明

结构设计说明如图 2.22 所示。

2.4.3 某别墅施工图

某别墅施工图如图 2.11～图 2.30 所示。

门窗表

（除注明外外窗均采用白色塑钢窗）

类别	编号	洞口尺寸 宽 × 高	引用标准图	标准图编号	数量 一层	二层	合计	备注
门	M1	2700×2500			1		1	车库翻板门甲方自理
	M2	1200×2500	L92J601	27页 M1—405	1		1	实木门
	M3	900×2100	L92J601	59页 M2—57	3	5	8	夹板门
	M4	900×2100	L92J601	72页 M2—305 调整宽度	1	1	2	双扇平开夹板门
	M5	700×2100	L92J601	57页 M2—2	2	3	5	夹板门
	M6	1600×2100	见详图		1	1	2	推拉塑钢门
	M7	800×2500	L92J601	57页 M2—23		2	2	夹板门
	MC1	3000×2100	见详图			1	1	塑钢门连窗
窗	C1	2400×1600	L90J605	51页 ZPC—2418 调整高度	1		1	塑钢平开窗
	C2	1800×1900	L90J605	25页 PC3—1818 调整高度	2		2	塑钢平开窗 窗台高600mm
	C3	1500×1900	L90J605	25页 PC3—1518 调整高度	2		2	塑钢平开窗 窗台高600mm
	C4	1800×1600	L90J605	24页 PC2—1815 调整高度	1	1	2	塑钢平开窗
	C5	1500×1600	L90J605	24页 PC2—1515 调整高度	2	1	3	塑钢平开窗
	C6	1200×1600	L90J605	24页 PC2—1215 调整高度	1	1	2	塑钢平开窗
	C7	900×1600	L90J605	24页 PC2—0915 调整高度	1	1	2	塑钢平开窗
	C8	600×1600	L90J605	24页 PC2—0615 调整高度	5	3	8	塑钢平开窗
	C9	500×1600	L90J605	24页 PC2—0615 调整宽高	1	1	2	塑钢平开窗

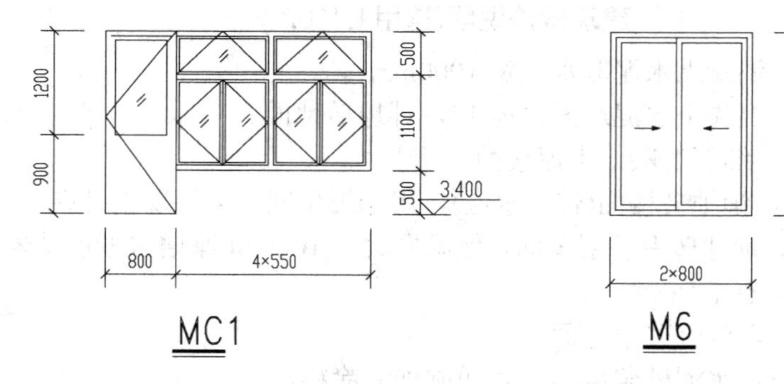

图 2.11　门窗统计

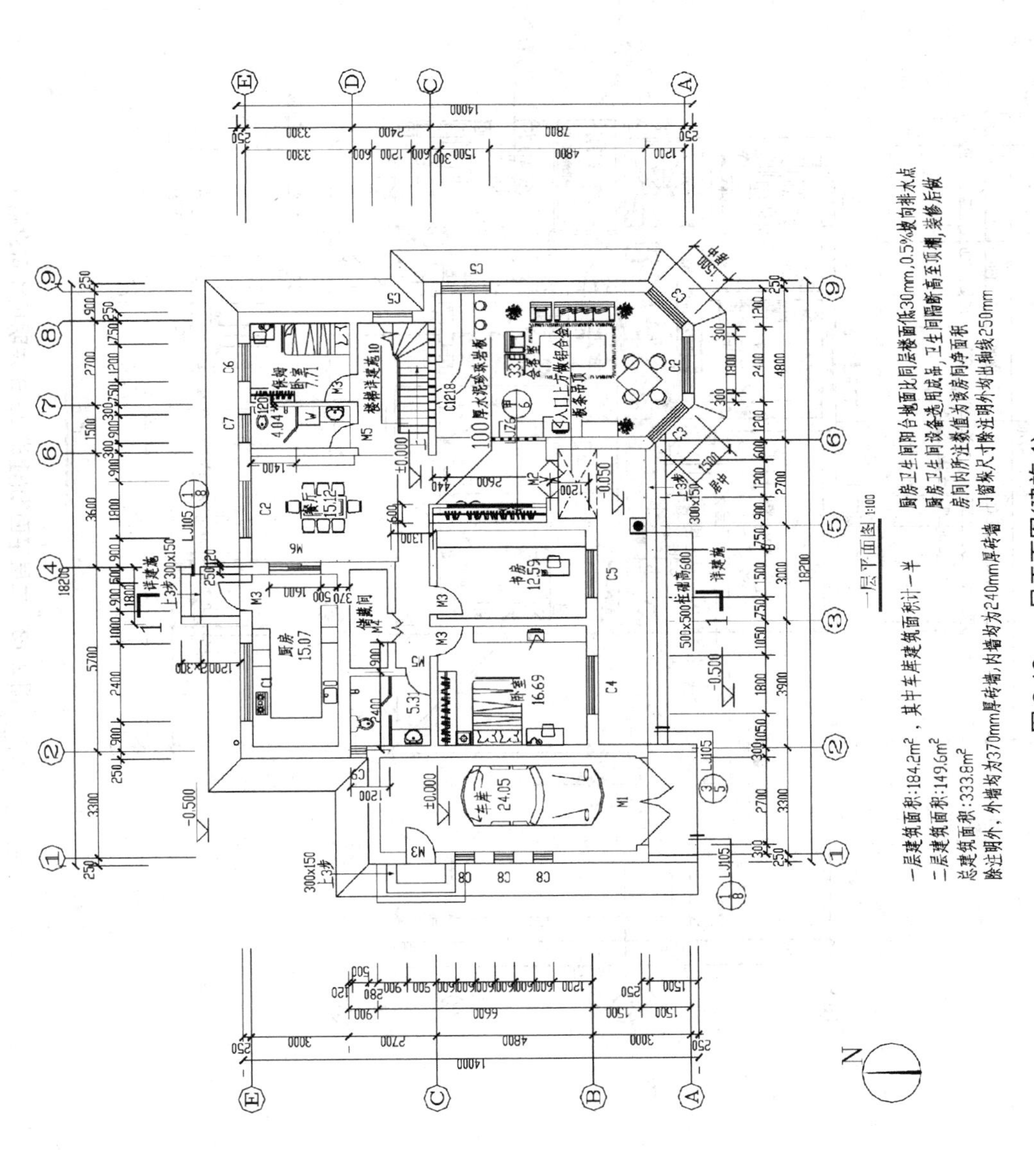

图 2.12　一层平面图(建施 1)

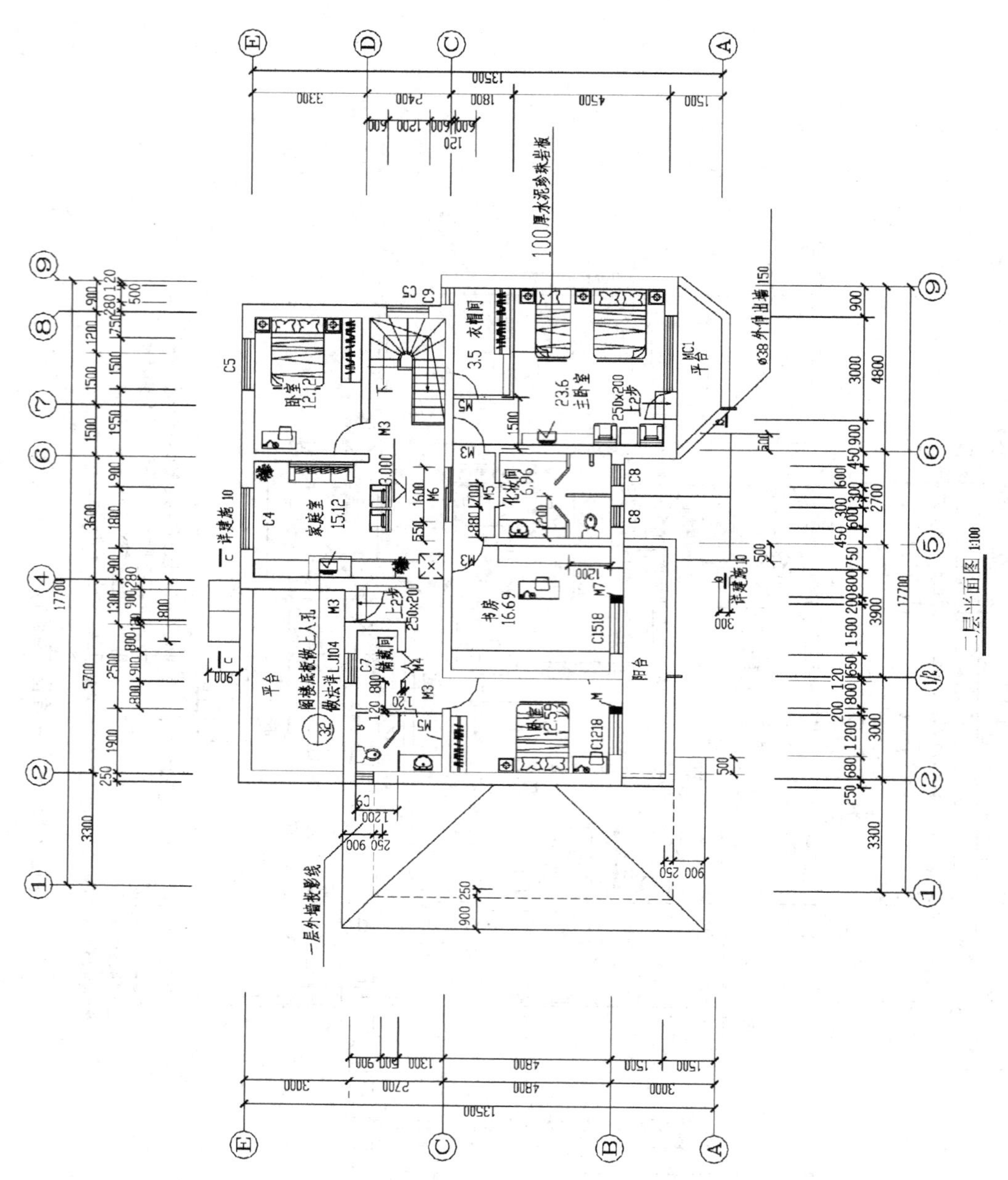

图 2.13　二层平面图(建施 2，未注明尺寸同建施 1)

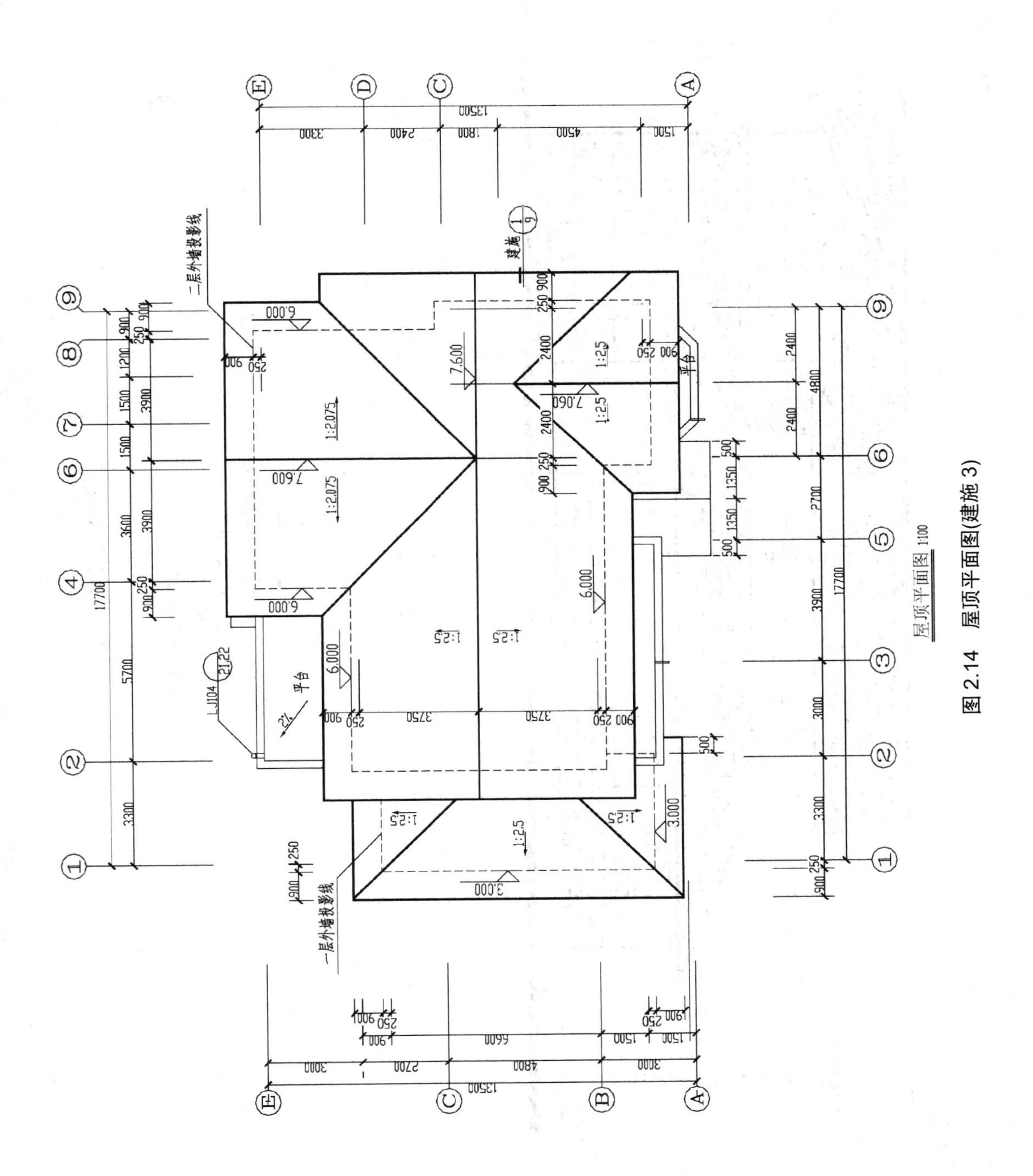

图 2.14 屋顶平面图(建施 3)

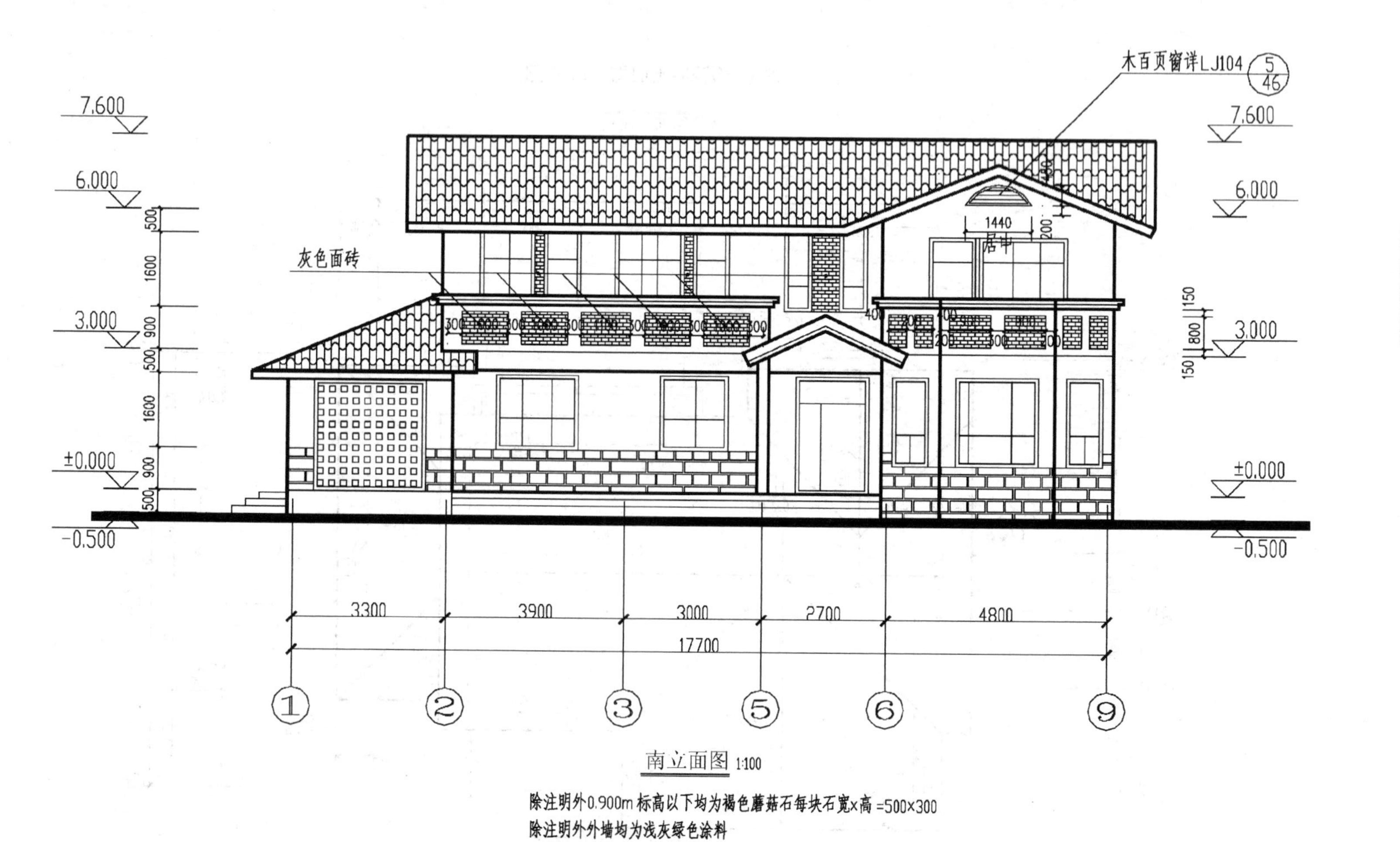

南立面图 1:100

除注明外0.900m标高以下均为褐色蘑菇石每块石宽x高=500x300
除注明外外墙均为浅灰绿色涂料
除注明外阳台和平台均为白色涂料
坡屋面均为蓝灰色亚光英红瓦
其他立面通用

图 2.15 南立面图(建施4)

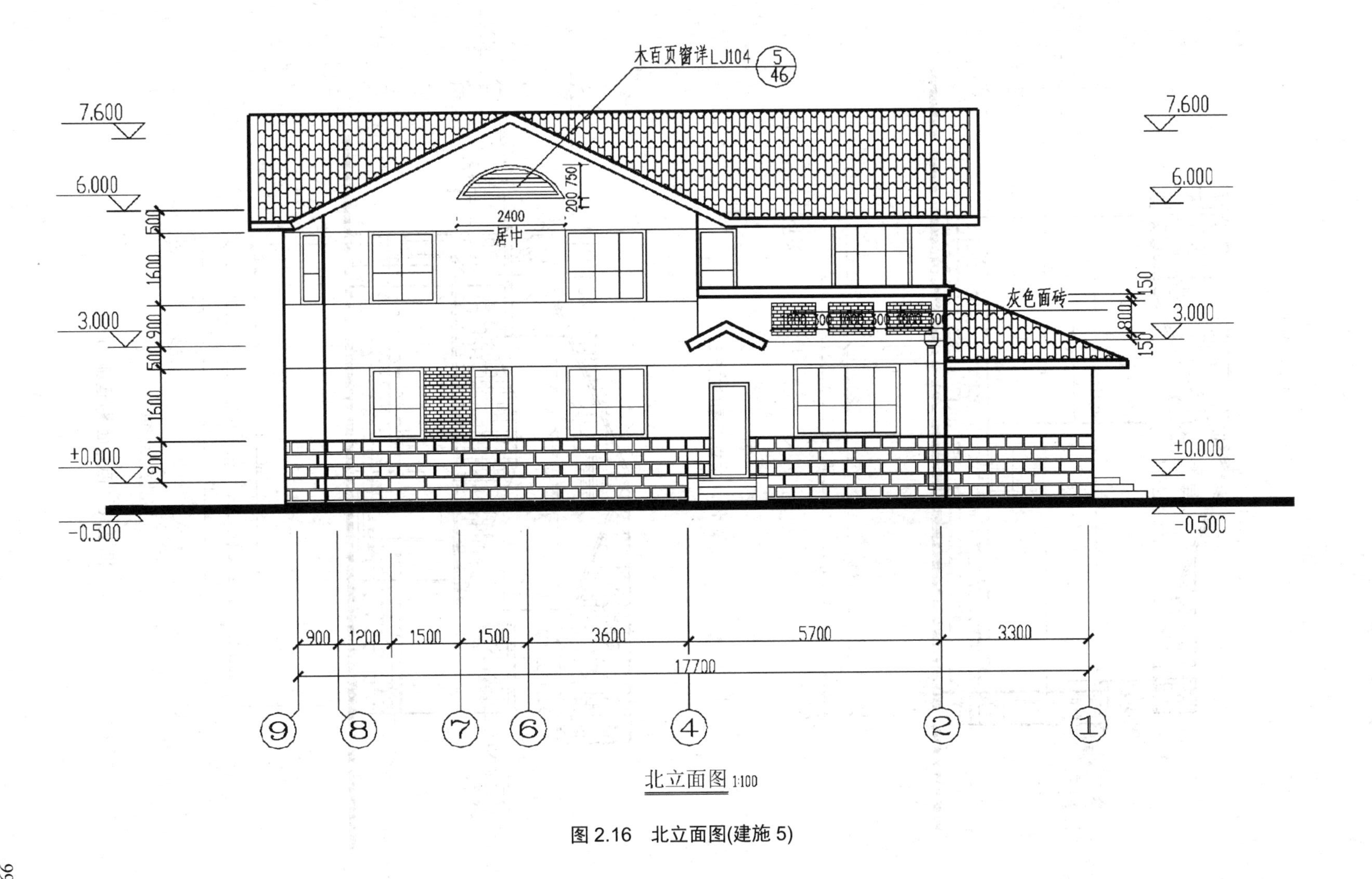

图2.16 北立面图(建施5)

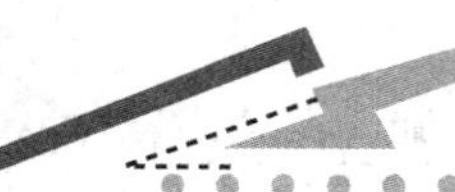

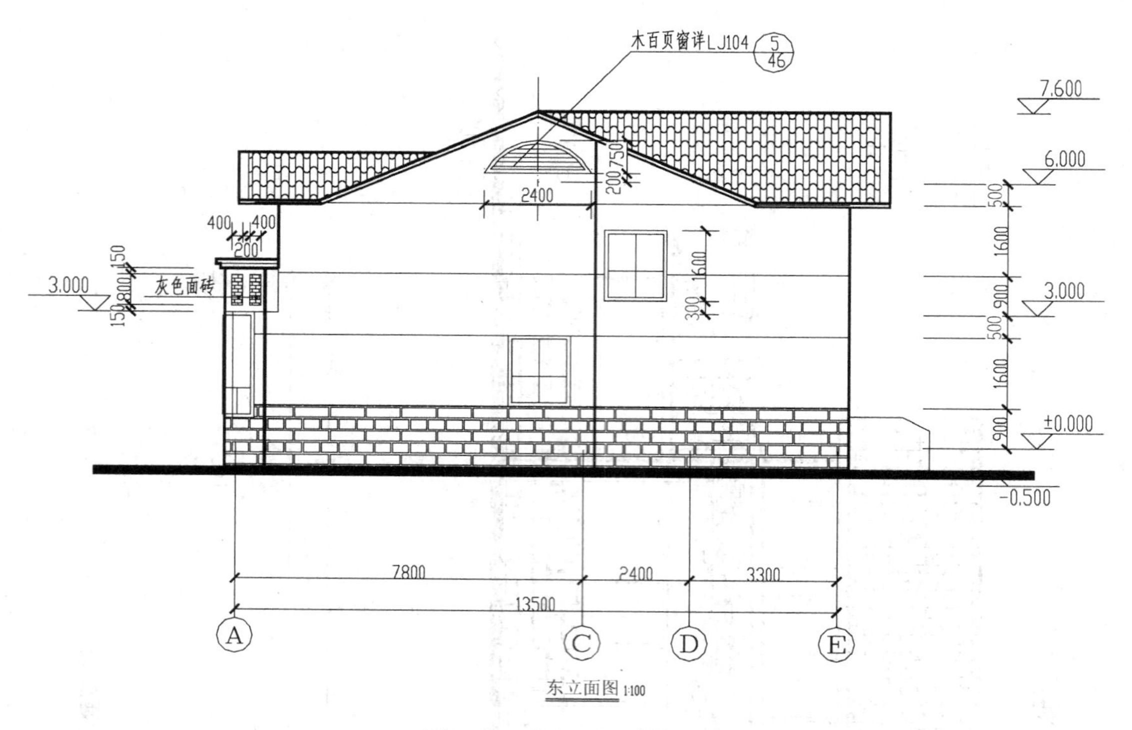

图 2.17　东立面图(建施 6)

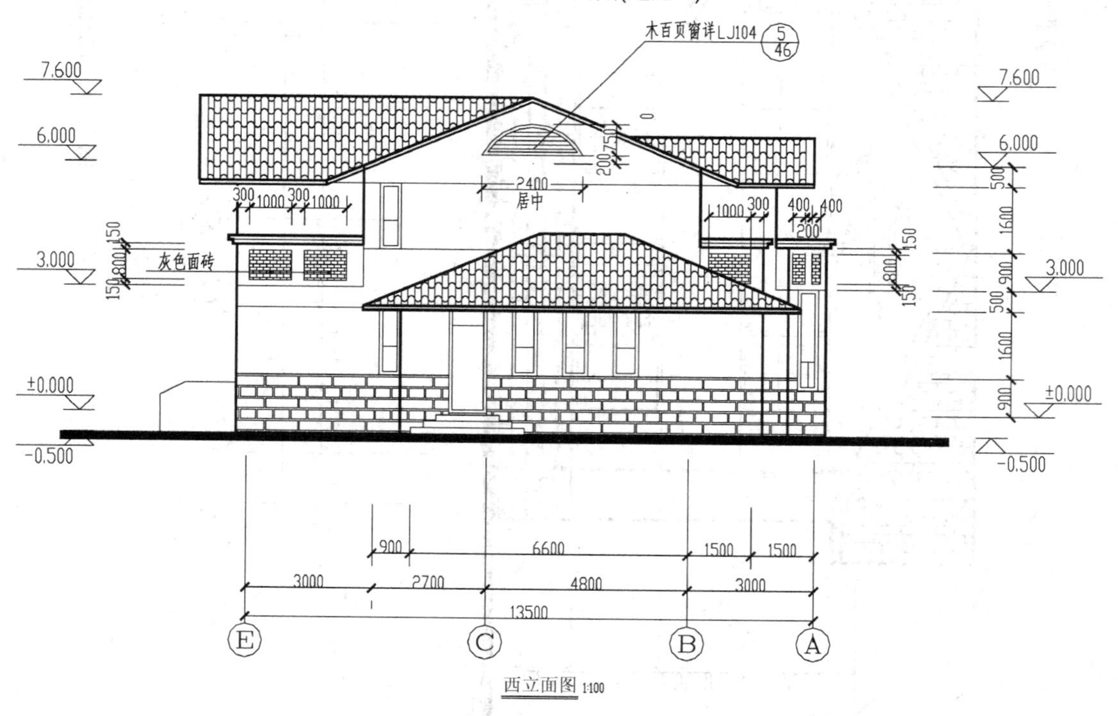

图 2.18　西立面图(建施 7)

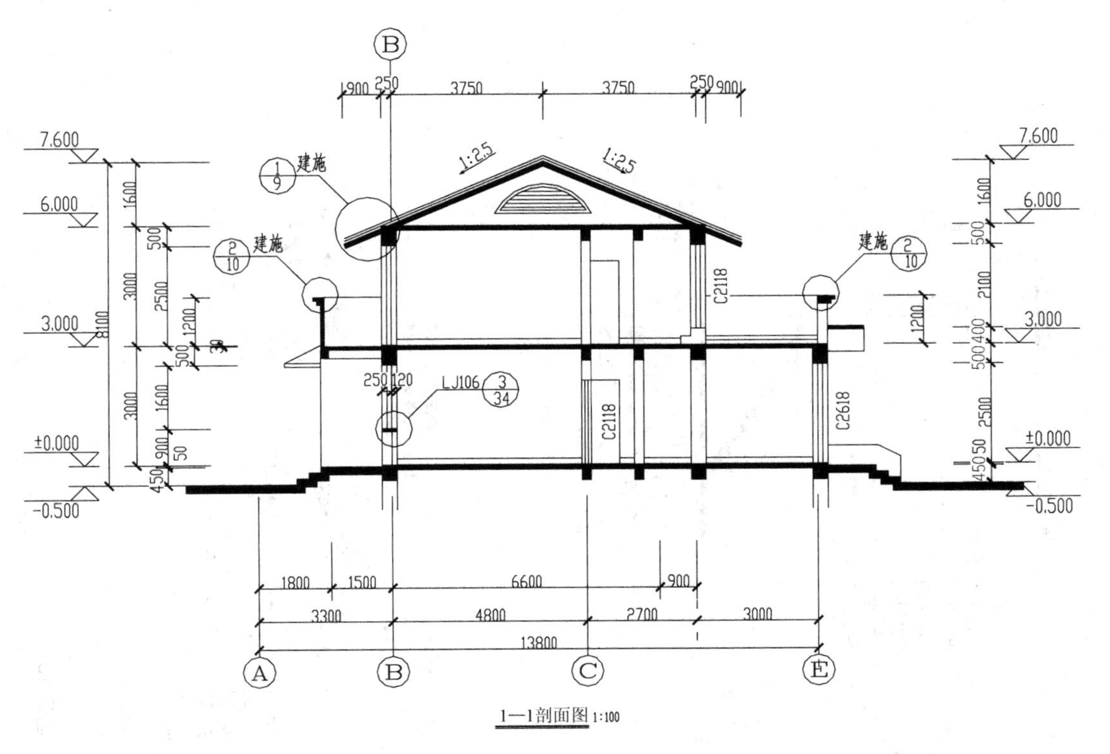

图 2.19 1—1 剖面图(建施 8)

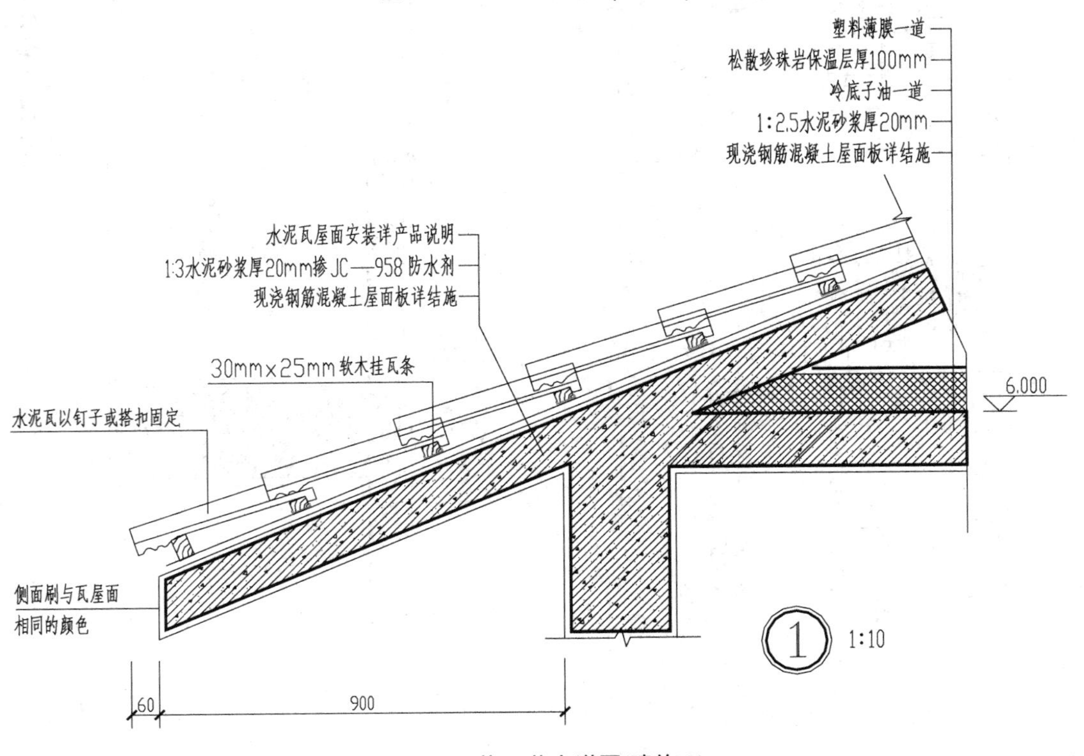

图 2.20 檐口节点详图(建施 9)

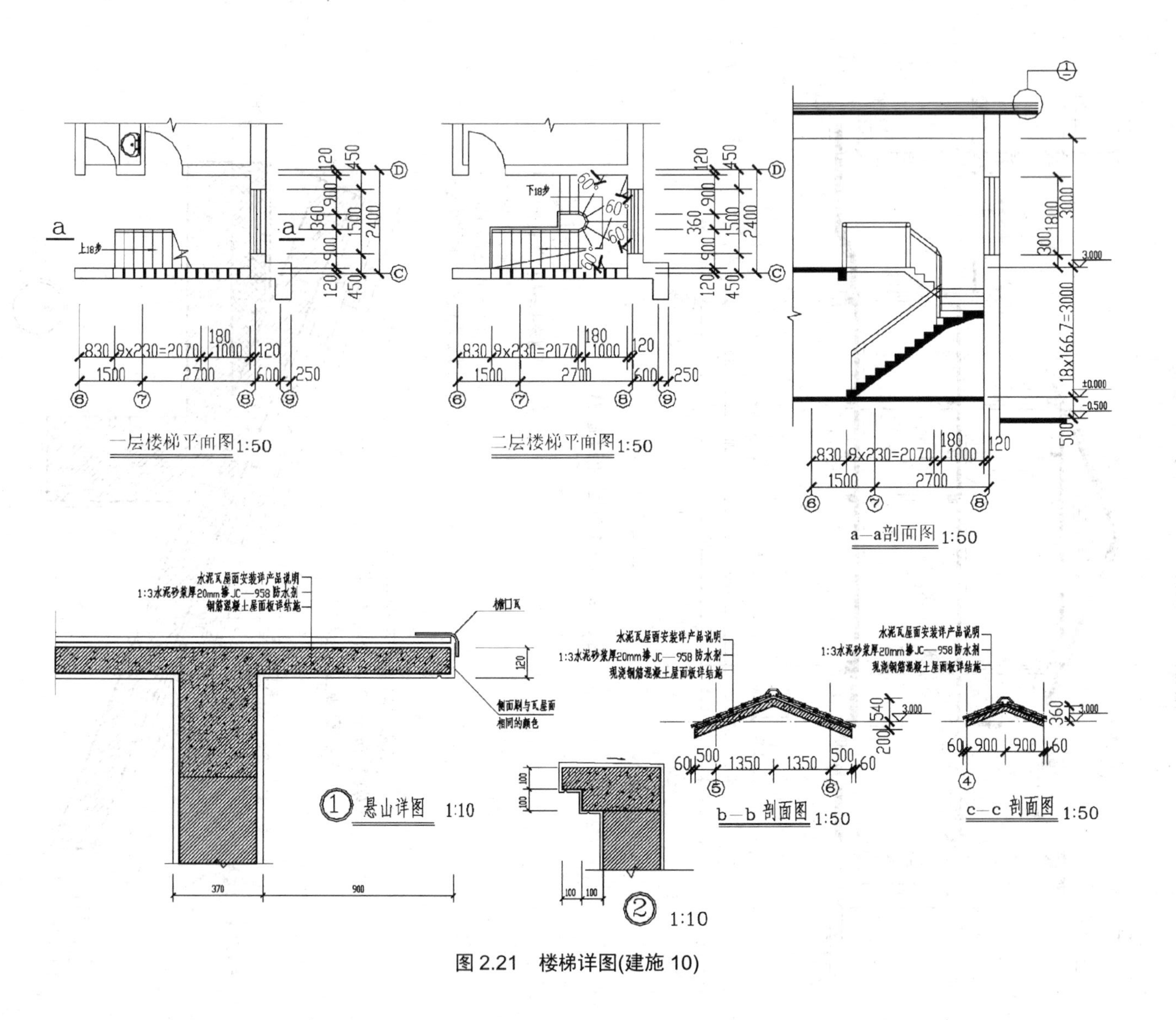

图 2.21 楼梯详图(建施 10)

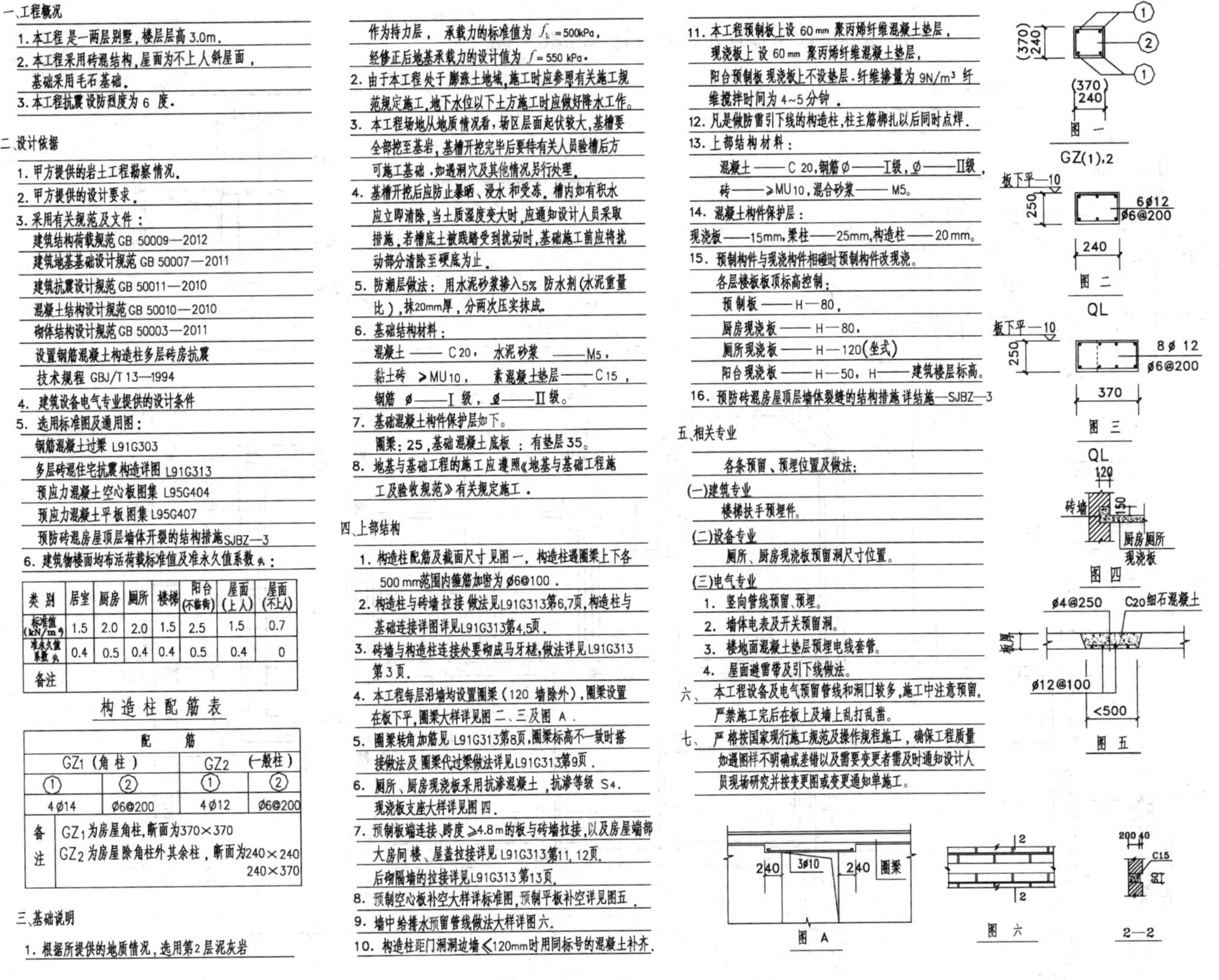

一、工程概况

1. 本工程是一两层别墅，楼层层高 3.0m。
2. 本工程采用砖混结构，屋面为不上人斜屋面，基础采用毛石基础。
3. 本工程抗震设防烈度为 6 度。

二、设计依据

1. 甲方提供的岩土工程勘察情况。
2. 甲方提供的设计要求。
3. 采用有关规范及文件：
   建筑结构荷载规范 GB 50009—2012
   建筑地基基础设计规范 GB 50007—2011
   建筑抗震设计规范 GB 50011—2010
   混凝土结构设计规范 GB 50010—2010
   砌体结构设计规范 GB 50003—2011
   设置钢筋混凝土构造柱多层砖房抗震技术规程 GBJ/T 13—1994
4. 建筑设备电气专业提供的设计条件
5. 选用标准图及通用图：
   钢筋混凝土过梁 L91G303
   多层砖混住宅抗震构造详图 L91G313
   预应力混凝土空心板图集 L95G404
   预应力混凝土平板图集 L95G407
   预防砖混房屋顶层墙体开裂的结构措施 SJBZ—3
6. 建筑物楼面均布活荷载标准值及准永久值系数 ψ_q：

类别	居室	厨房	厕所	楼梯	阳台(不临街)	屋面(上人)	屋面(不上人)
标准值(kN/m²)	1.5	2.0	2.0	1.5	2.5	1.5	0.7
准永久值系数 ψ_q	0.4	0.5	0.4	0.4	0.5	0.4	0
备注							

构造柱配筋表

配筋			
GZ1（角柱）		GZ2（一般柱）	
①	②	①	②
4ø14	ø6@200	4ø12	ø6@200
备注	GZ1为房屋角柱，断面为370×370；GZ2为房屋除角柱外其余柱，断面为240×240、240×370		

三、基础说明

1. 根据所提供的地质情况，选用第2层泥灰岩作为持力层，承载力的标准值为 f_k=500kPa，经修正后地基承载力的设计值为 f=550 kPa。
2. 由于本工程处于膨胀土地域，施工时应参照有关施工规范规定施工，地下水位以下土方施工时应做好降水工作。
3. 本工程场地从地质情况看，场区层面起伏较大，基槽要全部挖至基岩，基槽开挖完毕后要待有关人员验槽后方可施工基础，如遇洞穴及其他情况另行处理。
4. 基槽开挖后应防止暴晒、浸水和受冻，槽内如有积水应立即清除，当土质湿度变大时，应通知设计人员采取措施，若槽底土被践踏受到扰动时，基础施工前应将扰动部分清除至硬底为止。
5. 防潮层做法：用水泥砂浆掺入5% 防水剂（水泥重量比），抹20mm厚，分两次压实抹成。
6. 基础结构材料：
   混凝土——C20，水泥砂浆——M5，
   黏土砖 ≥MU10，素混凝土垫层——C15，
   钢筋 ø——Ⅰ级，ø——Ⅱ级。
7. 基础混凝土构件保护层如下。
   圈梁：25，基础混凝土底板：有垫层35。
8. 地基与基础工程的施工应遵照《地基与基础工程施工及验收规范》有关规定施工。

四、上部结构

1. 构造柱配筋及截面尺寸见图一，构造柱遇圈梁上下各500 mm范围内箍筋加密为 ø6@100。
2. 构造柱与砖墙拉接做法见L91G313第6,7页，构造柱与基础连接详图详见L91G313第4,5页。
3. 砖墙与构造柱连接处要砌成马牙槎，做法详见L91G313第3页。
4. 本工程每层沿墙均设置圈梁（120 墙除外），圈梁设置在板下平，圈梁大样详见图二、三及图 A。
5. 圈梁转角加筋见 L91G313第8页，圈梁标高不一致时搭接做法及圈梁代过梁做法详见L91G313第9页。
6. 厕所、厨房现浇板采用抗渗混凝土，抗渗等级 S4。现浇板支座大样详见图四。
7. 预制板端连接，跨度≥4.8m的板与砖墙拉接，以及房屋端部大房间楼、屋盖拉接详见 L91G313第11, 12页，后砌隔墙的拉接详见L91G313第13页。
8. 预制空心板补空大样详标准图，预制平板补空详见图五。
9. 墙中给排水预留管线做法大样详图六。
10. 构造柱距门洞洞边墙≤120mm时用同标号的混凝土补齐。
11. 本工程预制板上设 60 mm 聚丙烯纤维混凝土垫层，现浇板上设 60 mm 聚丙烯纤维混凝土垫层，阳台预制板 现浇板上不设垫层，纤维掺量为 9N/m³ 纤维搅拌时间为 4~5 分钟。
12. 凡是做防雷引下线的构造柱，柱主筋绑扎以后同时点焊。
13. 上部结构材料：
    混凝土——C 20，钢筋 ø——Ⅰ级，ø——Ⅱ级，
    砖——≥MU10，混合砂浆——M5。
14. 混凝土构件保护层：
    现浇板——15mm，梁柱——25mm，构造柱——20mm。
15. 预制构件与现浇构件相碰时预制构件改现浇。
    各层楼板板顶标高控制：
    预制板——H—80，
    厨房现浇板——H—80，
    厕所现浇板——H—120（坐式）
    阳台现浇板——H—50，H——建筑楼层标高。
16. 预防砖混房屋顶层墙体裂缝的结构措施详结施—SJBZ—3

五、相关专业

各条预留、预埋位置及做法：

(一)建筑专业
   楼梯扶手预埋件。
(二)设备专业
   厕所、厨房现浇板预留洞尺寸位置。
(三)电气专业
1. 竖向管线预留、预埋。
2. 墙体电表及开关预留洞。
3. 楼地面混凝土垫层预埋电线套管。
4. 屋面避雷带及引下线做法。

六、本工程设备及电气预留管线和洞口较多，施工中注意预留，严禁施工完后在板上及墙上乱打乱凿。

七、严格按国家现行施工规范及操作规程施工，确保工程质量如遇图纸不明确或差错以及需要变更者需及时通知设计人员现场研究并按变更图或变更通知单施工。

图 2.22(a)　结构设计总说明(结施 1)

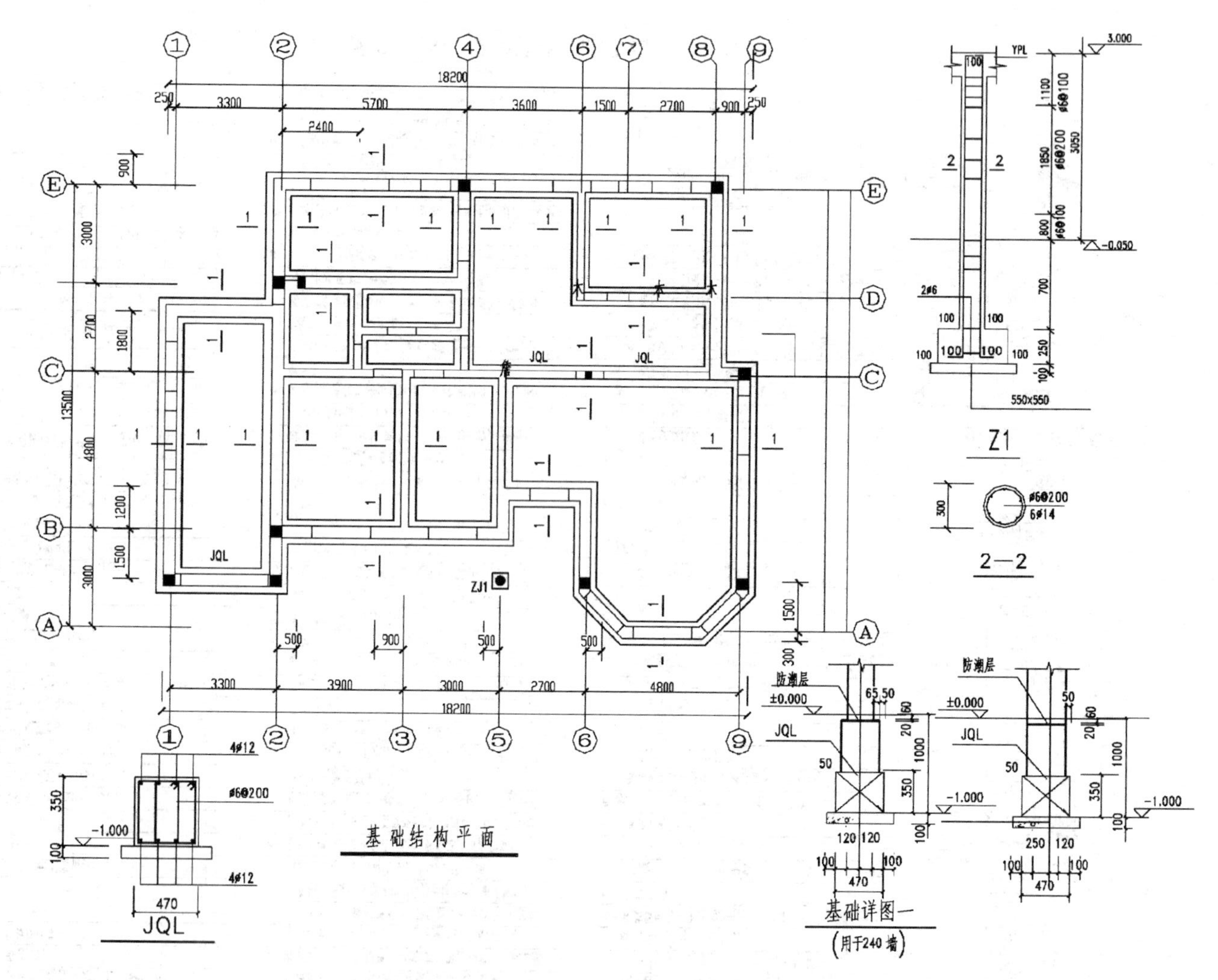

图 2.22(b) 基础结构平面图及详图(结施 2)

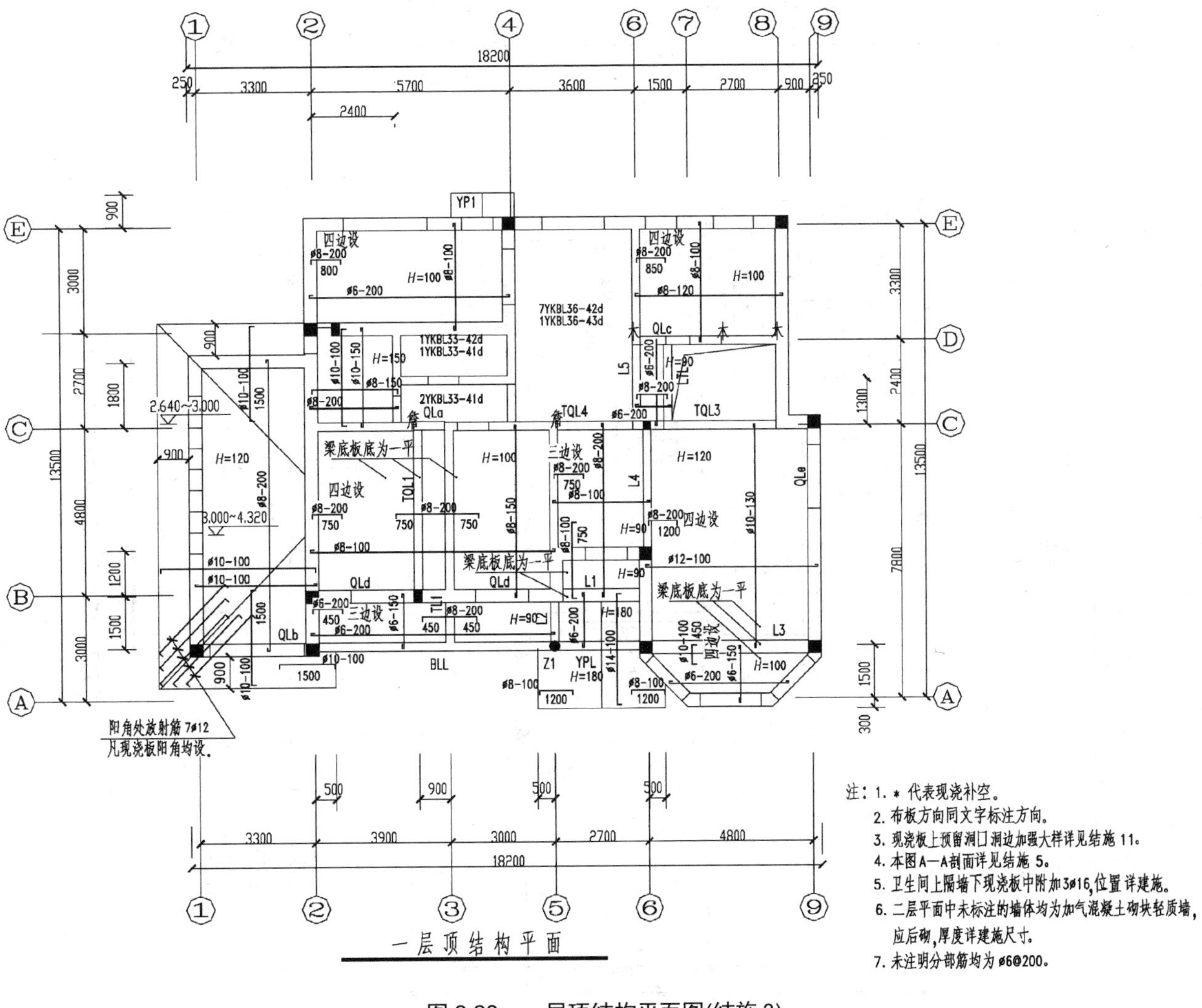

注：1. * 代表现浇补空。

2. 布板方向同文字标注方向。

3. 现浇板上预留洞口洞边加强大样详见结施 11。

4. 本图 A—A 剖面详见结施 5。

5. 卫生间上隔墙下现浇板中附加 3ϕ16，位置详建施。

6. 二层平面中未标注的墙体均为加气混凝土砌块轻质墙，应后砌，厚度详建施尺寸。

7. 未注明分部筋均为 ϕ6@200。

图 2.23　一层顶结构平面图(结施 3)

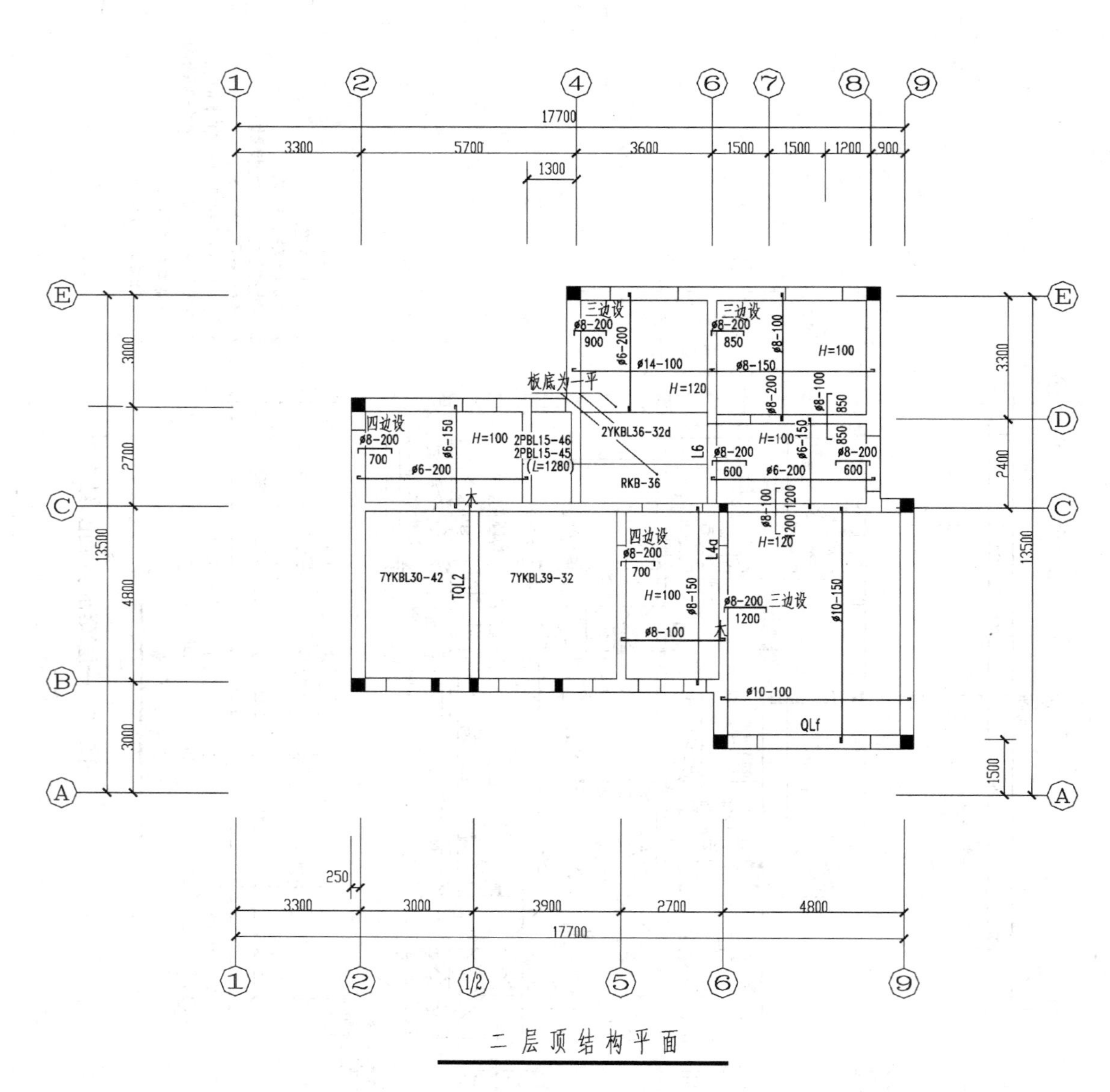

图 2.24　二层顶结构平面图(结施 4)

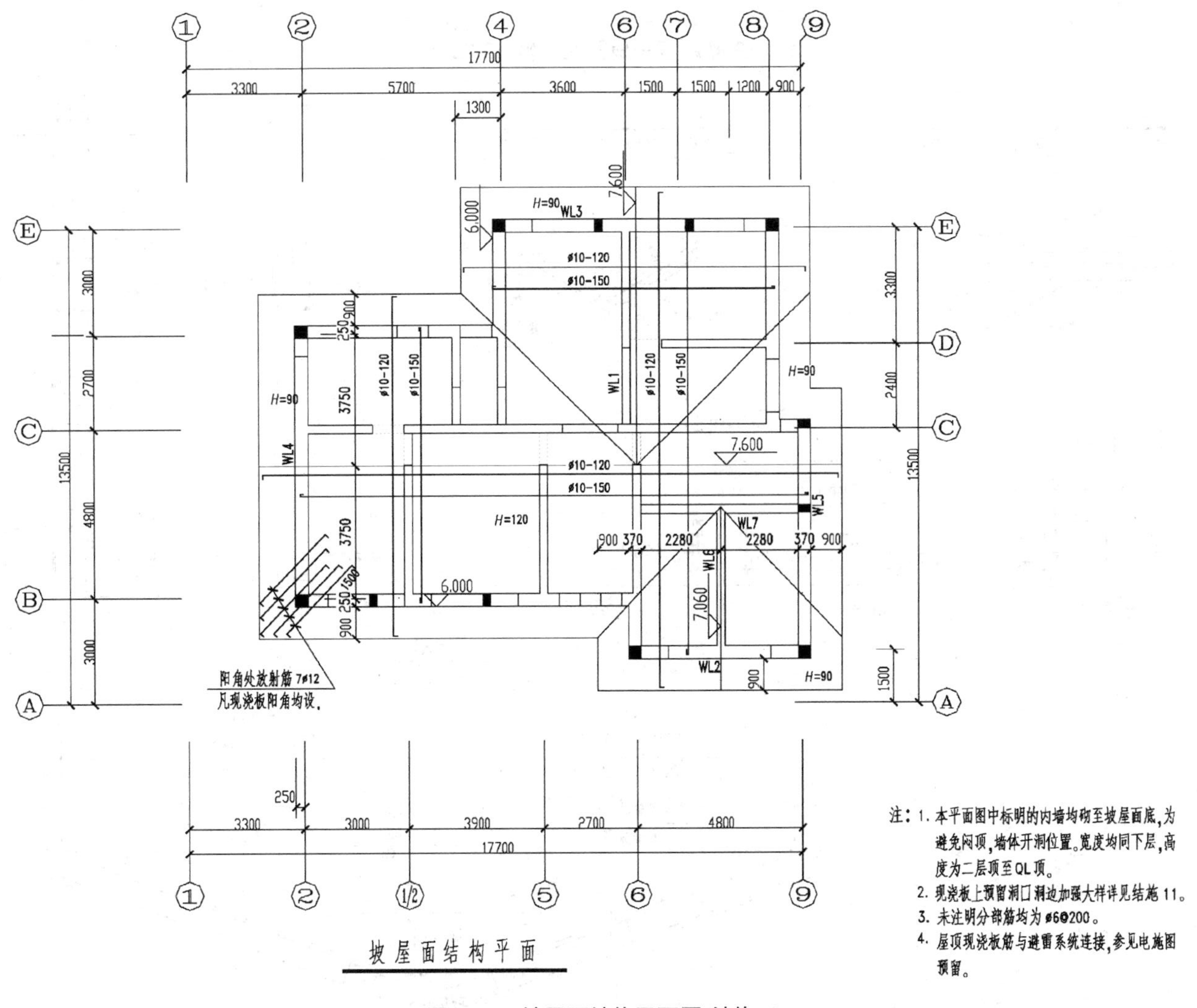

图 2.25 坡屋面结构平面图(结施 5)

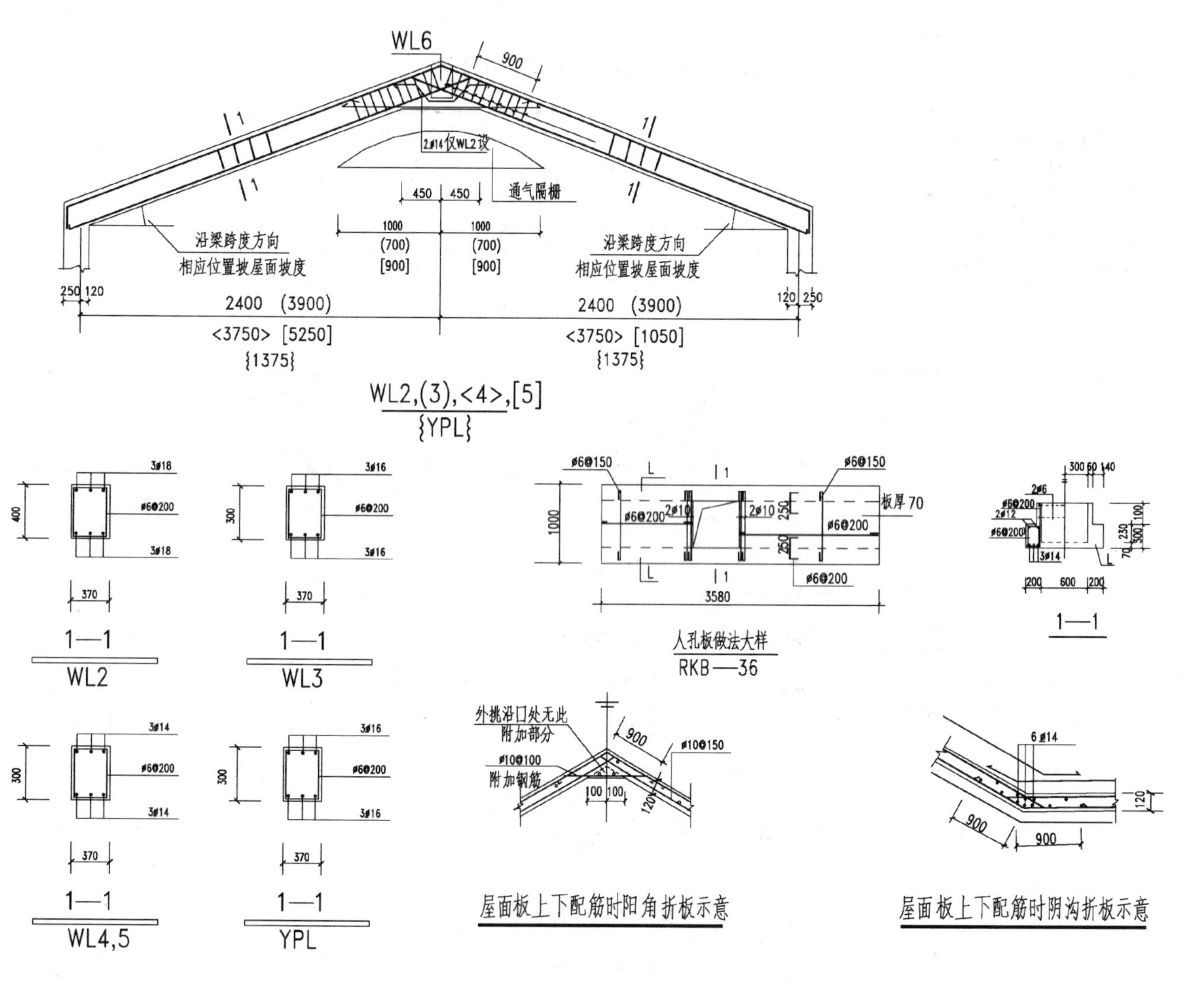

图 2.26 坡屋面配筋详图(结施6)

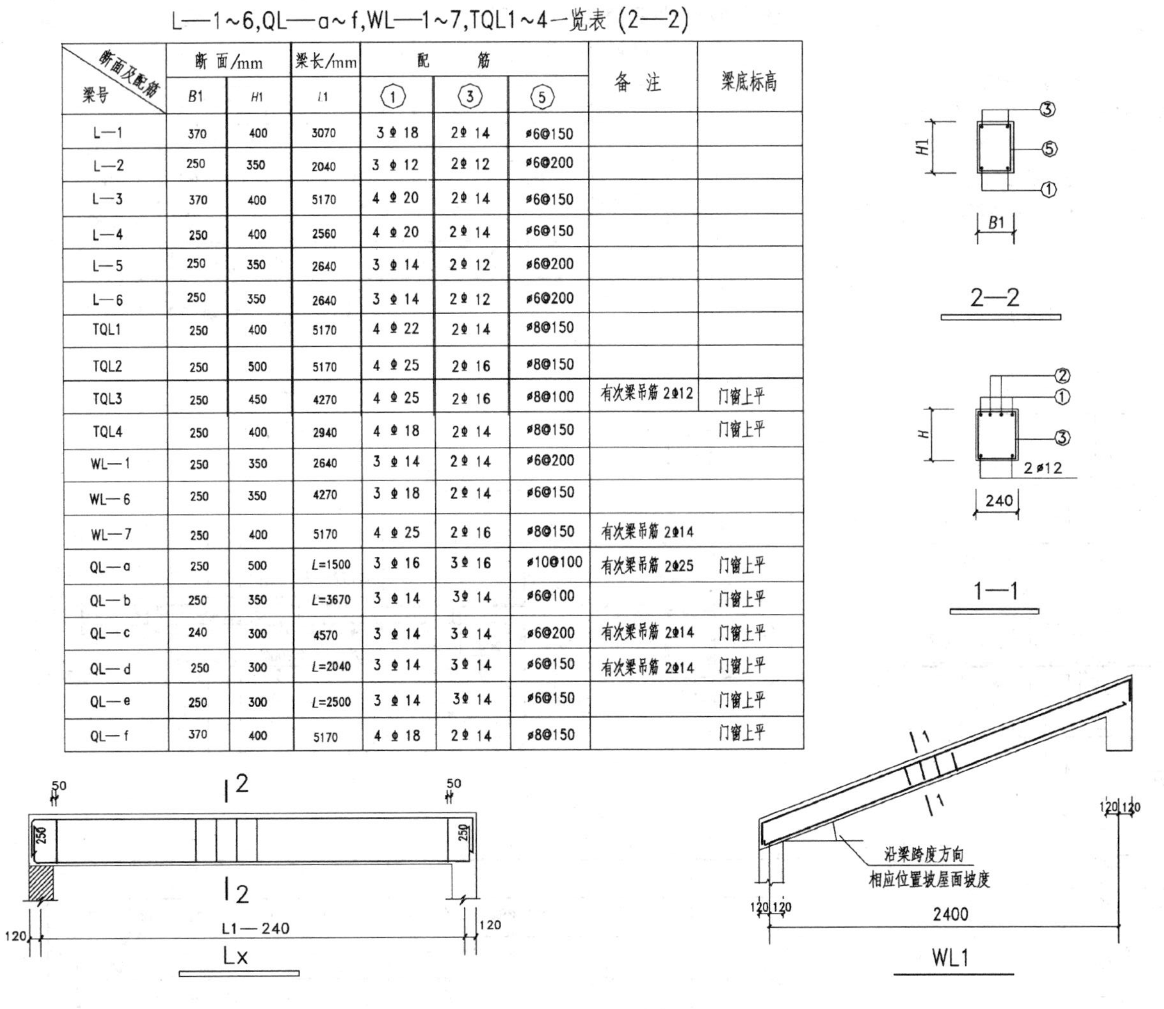

L—1~6,QL—a~f,WL—1~7,TQL1~4一览表（2—2）

梁号 \ 断面及配筋	断面/mm		梁长/mm	配筋			备注	梁底标高
	B1	H1	l1	①	③	⑤		
L—1	370	400	3070	3Φ18	2Φ14	ϕ6@150		
L—2	250	350	2040	3Φ12	2Φ12	ϕ6@200		
L—3	370	400	5170	4Φ20	2Φ14	ϕ6@150		
L—4	250	400	2560	4Φ20	2Φ14	ϕ6@150		
L—5	250	350	2640	3Φ14	2Φ12	ϕ6@200		
L—6	250	350	2640	3Φ14	2Φ12	ϕ6@200		
TQL1	250	400	5170	4Φ22	2Φ14	ϕ8@150		
TQL2	250	500	5170	4Φ25	2Φ16	ϕ8@150		
TQL3	250	450	4270	4Φ25	2Φ16	ϕ8@100	有次梁吊筋 2Φ12	门窗上平
TQL4	250	400	2940	4Φ18	2Φ14	ϕ8@150		门窗上平
WL—1	250	350	2640	3Φ14	2Φ14	ϕ6@200		
WL—6	250	350	4270	3Φ18	2Φ14	ϕ6@150		
WL—7	250	400	5170	4Φ25	2Φ16	ϕ8@150	有次梁吊筋 2Φ14	
QL—a	250	500	L=1500	3Φ16	3Φ16	ϕ10@100	有次梁吊筋 2Φ25	门窗上平
QL—b	250	350	L=3670	3Φ14	3Φ14	ϕ6@100		门窗上平
QL—c	240	300	4570	3Φ14	3Φ14	ϕ6@200	有次梁吊筋 2Φ14	门窗上平
QL—d	250	300	L=2040	3Φ14	3Φ14	ϕ6@150	有次梁吊筋 2Φ14	门窗上平
QL—e	250	300	L=2500	3Φ14	3Φ14	ϕ6@150		门窗上平
QL—f	370	400	5170	4Φ18	2Φ14	ϕ8@150		门窗上平

图 2.27　各种梁钢筋明细表(结施 7)

BLL 一览表

梁号 \ 断面及配筋	断面/mm B	断面/mm H	梁长/mm L1	配筋 ①	配筋 ②	配筋 ③	备注	梁底标高
BLL	240	350	7270	3Φ14	3Φ12	φ6@200		

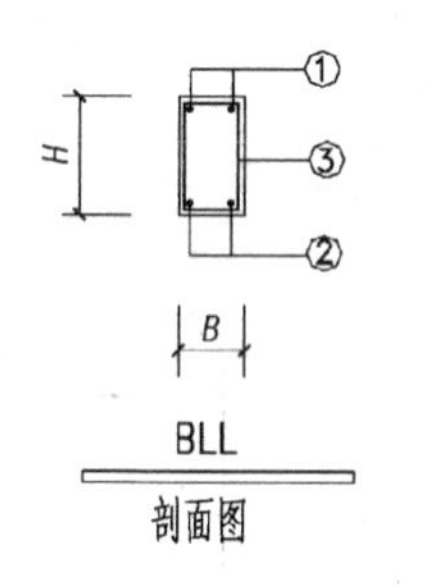

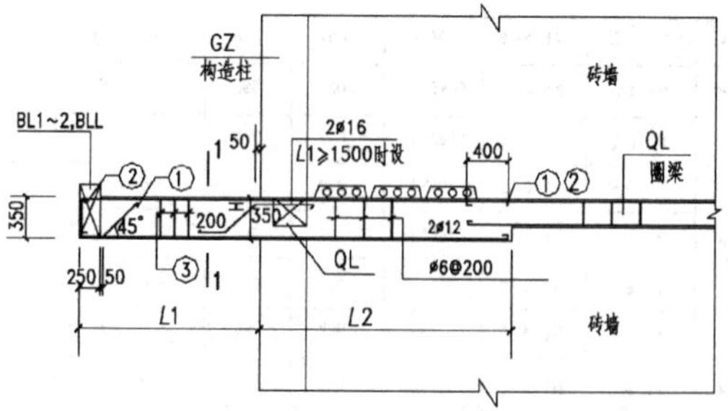

GZ
构造柱
BL1~2,BLL
② ①
1 50
2φ16
L1≥1500时设
400
① ②
QL
圈梁
砖墙
350
45°
200
350
2φ12
QL
φ6@200
250 50
③ 1
L1
L2
砖墙

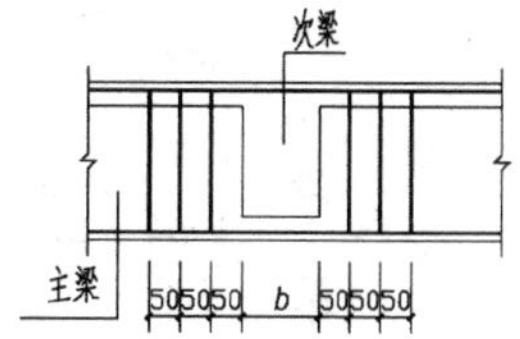

TL—1
大样图

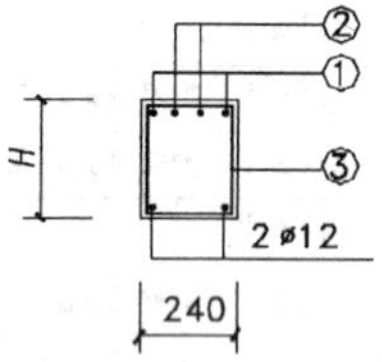

②
①
③
H
2φ12
240

1—1

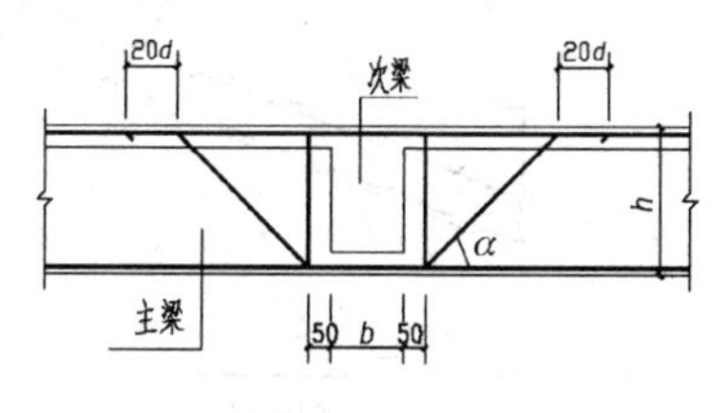

TL—1~3 一览表 (1—1)

梁号 \ 断面及配筋	断面/mm H/mm	梁长/mm L1	梁长/mm L2	配筋 ①	配筋 ②	配筋 ③	备注
TL—1	350	1500	2500	2Φ22	2Φ22	φ8@100	

注：1. 平面中主次梁相交处未注名吊筋者均按本图的附加箍筋处理。
2. 次梁所在位置均详见平面图。
3. 梁顶标高除注明外，上设预制板的均为板下平，上设现浇板的均为板上平。

图 2.28　TL 配筋详图(结施 8)

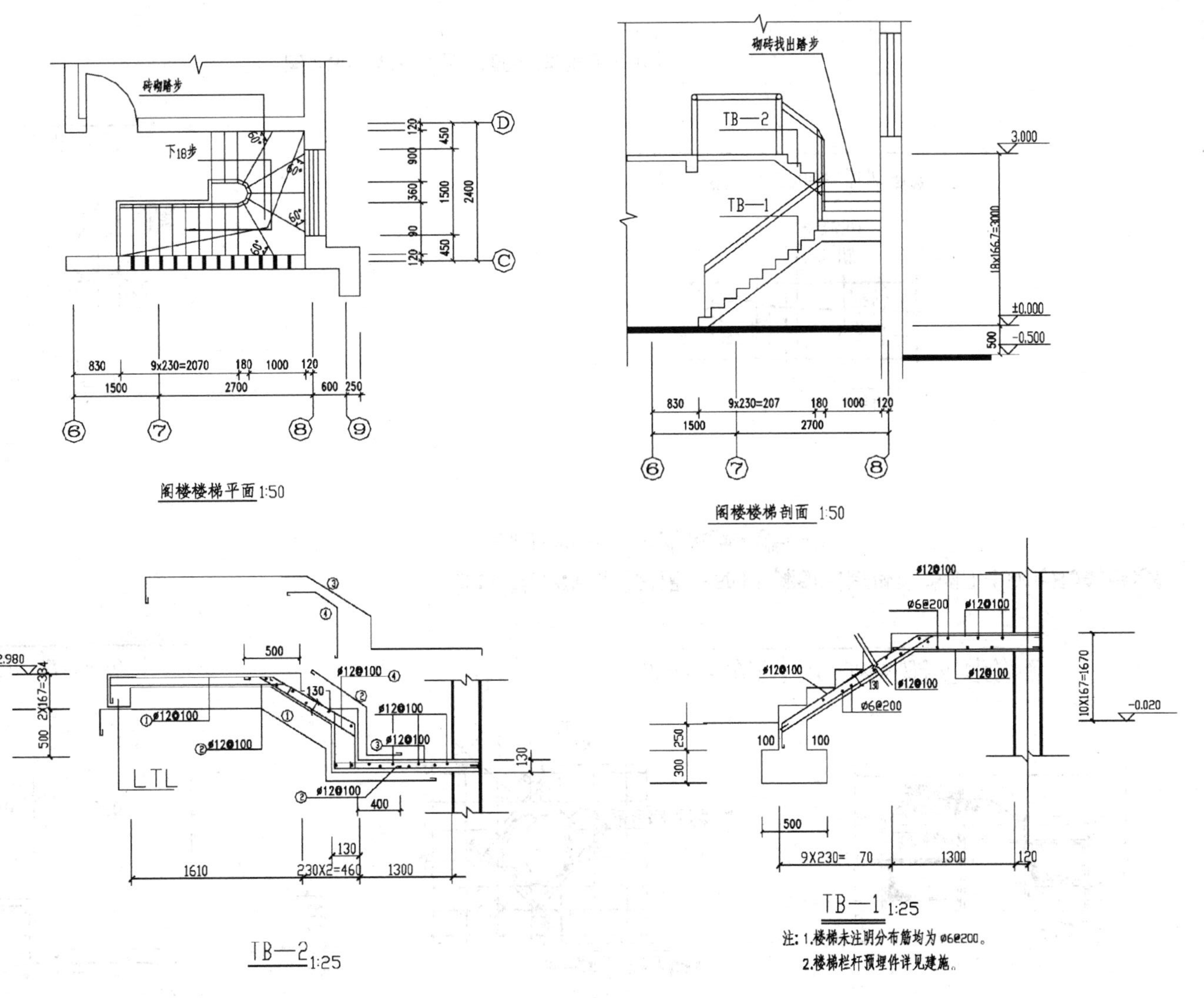

图 2.29 楼梯配筋详图(结施 9)

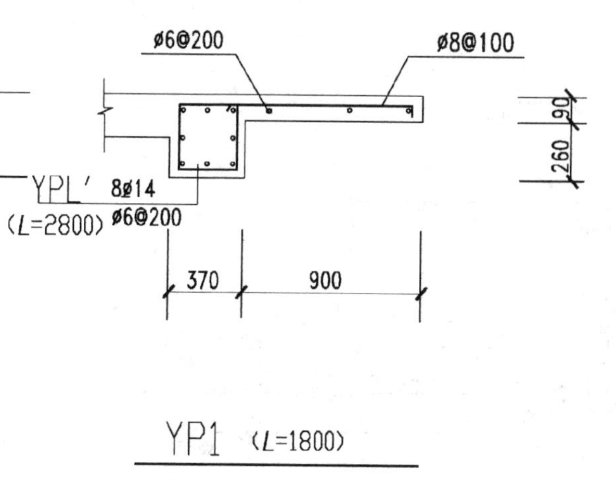

YP1 (L=1800)

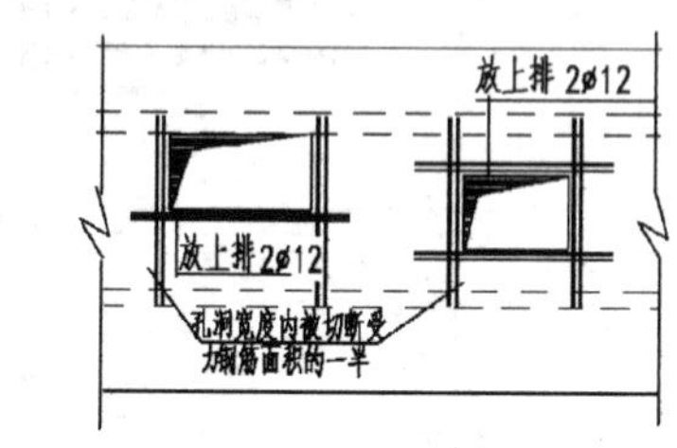
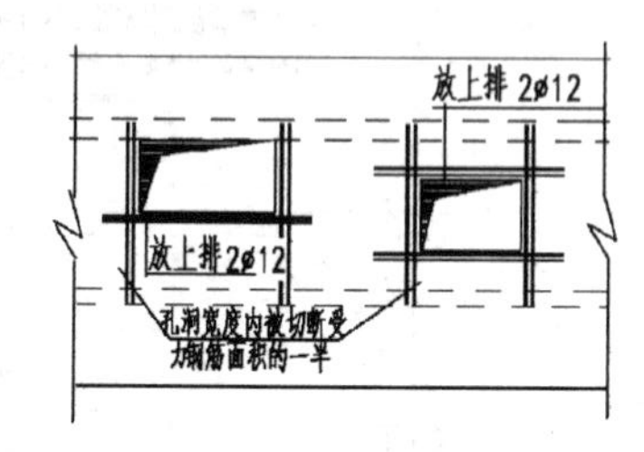
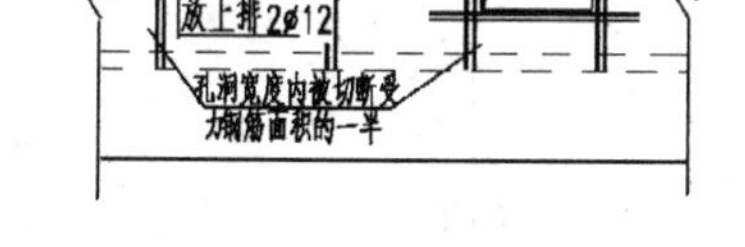

300mm<D(或b)<1000mm 的孔洞钢筋加固

注：现浇板上预留洞口当洞口尺寸≤300时，钢筋绕过洞口即可；当洞口≥1000时洞边需加梁处理；
当洞口300< D < 1000时洞边加强大样详见图。

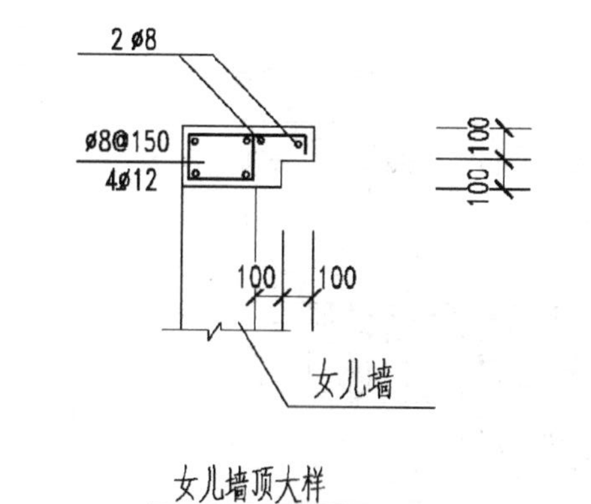

女儿墙顶大样

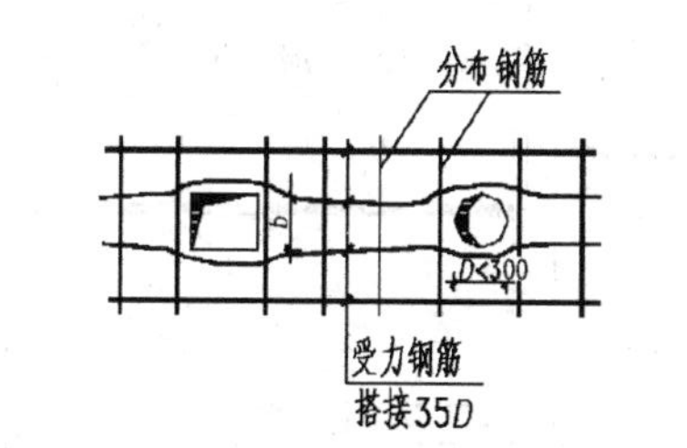

板上孔洞小于 300mm 时的钢筋做法

图 2.30　YP、预留孔配筋详图(结施 10)

项目3

建筑工程造价软件应用实训

学习目标

通过本项目的学习，继续强化手工算量的基本流程，并了解软件带给算量工作的价值；掌握软件的基本画图方法和计算原理；掌握软件的画图操作流程，能用其中的某个软件对小规模的工程进行算量和套价，逐步提高学生的动手能力和软件操作能力，为适应信息化社会的发展打好坚实的基础。

学习要求

能力目标	知识要点	相关知识	权重
掌握基本的软件画图方法	点、线、面等基本操作	以某个软件为例介绍软件图形算量的过程	30%
掌握应用软件进行钢筋工程量计算的方法	钢筋图的绘制，工程量的计算	以某个软件为例介绍软件钢筋算量的过程	30%
能用软件进行简单的计算	通过练习达到熟练运用软件的目的	小规模的工程算量	40%

任务3.1 建筑工程造价软件应用实训任务书

3.1.1 实训目的和要求

1. 实训目的

在社会竞争日益加剧的今天，传统的手工算量无论在时间上还是在准确度上都存在很多问题，而算量软件利用先进的信息技术则可以完全解决这些问题。本项目旨在通过对算量软件的学习，继续提高读图、识图的能力，强化手工算量的基本流程，掌握软件的基本画图方法和计价原理，使学生能够更快、更准确地计算出工程量。

2. 实训要求

目前各省、市工程造价算量计价软件很多，如广联达工程计价软件、青山计价软件、神机妙算计价软件、鲁班计价软件等，在此不一一列举。这些计价软件各有优点，但有一个共同点就是安装简单、操作方便，既减轻了计算的工作量、提高了准确度，又加快了预算编制的速度。这就要求学生应掌握至少一种计价软件的操作方法，通过反复操作，强化训练，至少完成两套不同结构类型图样的算量计价。在实训过程中，要求学生提高读图、识图的能力，加深对计算规则的理解，严格按照相关计价规定编制；使学生养成科学严谨的工作态度，严禁抄袭复制他人的实训成果；要求学生能够独立完成实训课程设计，以提高自己的软件操作能力；要求学生树立十足的信心，并时刻牢记：软件是用来为造价人员服务的，要学会驾驭软件，而不是被软件驾驭。

3.1.2 实训内容

本项目以广联达计价软件的使用操作为例，系统地讲述如何应用造价软件编制建筑工程预算文件，主要包含以下几个方面的内容。

1. 图形算量 GCL 8.0 软件操作

(1) 新建工程。
(2) 新建轴网。
(3) 构件的定义和绘制。

2. 钢筋抽样 GGJ 10.0 软件操作

(1) 新建工程。
(2) 新建轴网。
(3) 钢筋的定义和绘制。

3.1.3 实训时间安排

实训时间安排见表3-1。

表 3-1 实训时间安排表(三)

序 号	内 容	时间/天
1	实训准备工作及熟悉图样、消耗量定额、清单计价规范，了解工程概况，进行项目划分	0.5
2	图形算量软件操作	1.5
3	钢筋抽样软件操作	2.0
4	报表汇总	0.5
5	打印、整理装订成册	0.5
6	合计	5.0

任务3.2 建筑工程造价软件应用实训指导书

3.2.1 编制依据

(1) 课程实训应严格执行国家和省(自治区、直辖市)颁布的最新行业标准、规范、规程、定额、计价规范及有关造价的政策及文件。

(2) 本课程实训依据《山东省建筑工程消耗量定额》、《山东省建筑工程价目表》、工程造价管理部门颁布的最新取费程序、计费费率及施工图设计文件等完成。

现以本书任务3.3实训附图为例介绍图形算量和钢筋抽样的基本操作方法。

3.2.2 图形算量GCL 8.0软件操作步骤

软件操作流程简介：启动软件→新建工程→工程设置(楼层管理)→绘图输入→表格输入→汇总计算→报表打印。

特别提示

图形算量软件是通过建立轴网、建立构件、定义属性及做法和绘制图形4步来完成每个构件的绘图输入的。

1. 新建工程

首先启动软件，界面如图3.1所示，单击左上角的【图形算量软件】按钮即可进入。

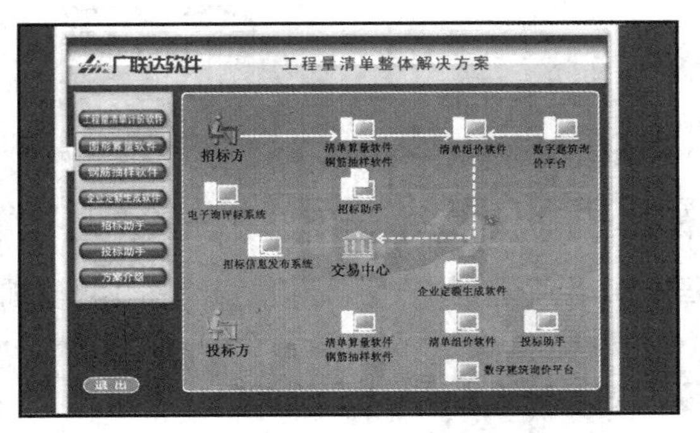

图 3.1 启动界面(一)

根据新建向导，可以新建一个工程，操作步骤如下。

(1) 选择【工程】菜单下的【新建】命令，打开【新建工程】界面，根据图样要求选择标书模式和定额库，如图3.2所示。

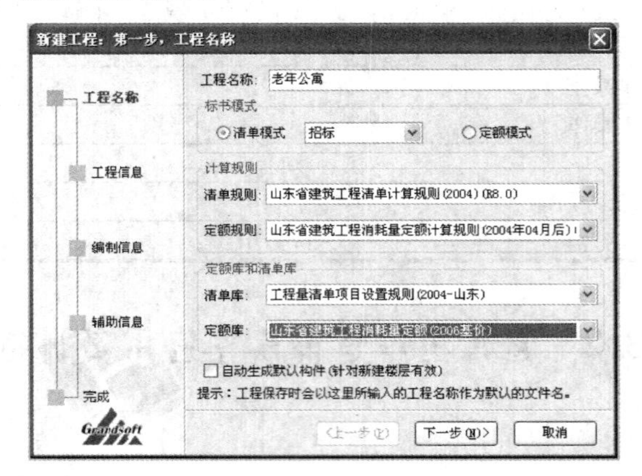

图3.2 【新建工程】界面

特 别 提 示

如果勾选【自动生成默认构件】复选框，则新建工程后每一类型构件均自动建立一个构件，属性取默认值；如取消勾选，则新建工程后不再自动建立任何构件。

(2) 单击【下一步】按钮，输入相关工程信息和编制信息。

特 别 提 示

工程信息和编制信息与工程量计算没有关系，只是起到标记的作用，该部分内容可以不填写，如图3.3和图3.4所示。

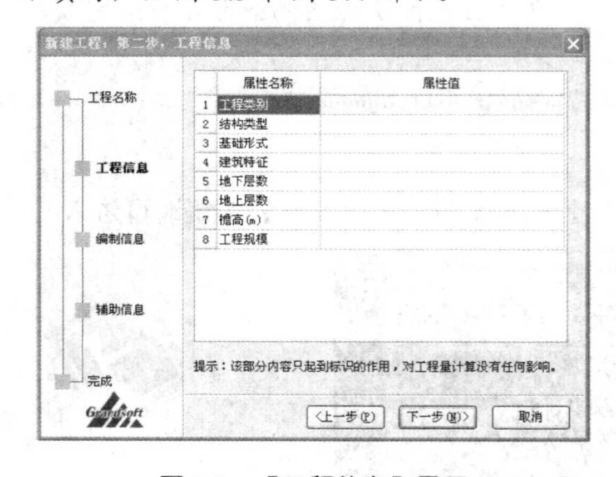

图3.3 【工程信息】界面

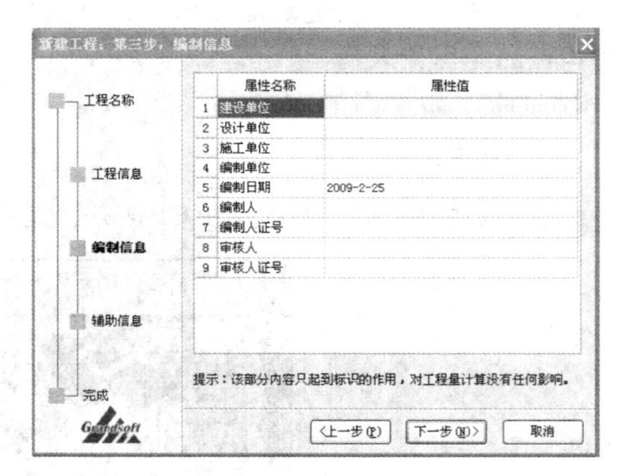

图3.4 【编制信息】界面

(3) 单击【下一步】按钮，输入辅助信息，如图3.5所示。

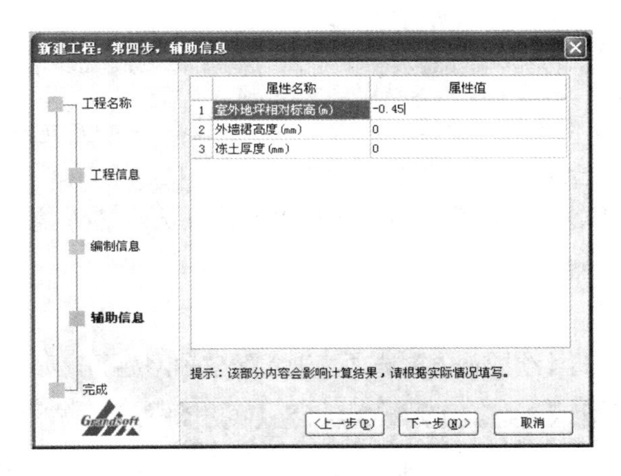

图 3.5 【辅助信息】界面

特别提示

室外地坪相对标高：将影响外墙装修工程量和基础土方工程量的计算，应根据实际情况填写。

外墙裙高度：将影响外墙裙抹灰面积的工程量计算，也应根据实际情况填写。

(4) 单击【下一步】按钮，查看输入的信息是否正确，如果不正确，可单击【上一步】按钮进行修改。确认信息无误后，单击【完成】按钮，软件自动进入【工程设置】下的【楼层管理】界面，在此界面内可以单击【添加楼层】、【删除楼层】按钮进行相关操作，可以输入或修改楼层高度等信息，快速根据图样建立建筑物立面数据。图 3.6 所示为显示的构件名称、混凝土标号、砂浆标号部分是对整个工程的楼层构件做法的一个整体管理，在每个构件右侧的下拉菜单中，可以进行混凝土、砂浆标号的选择，本部分也可不填。

图 3.6 楼层管理界面

特别提示

软件把建筑物分为基础层、首层、第2层……顶层、屋面层几个标准分层，所以基础层和首层是软件自动建立的，当然也无法删除。

当建筑物有地下室时，基础层指的是在地下室最底层以下的部分。

2. 新建轴网

选择左侧导航栏内的【绘图输入】选项，进入新建轴网界面，如图3.7所示，操作如下。

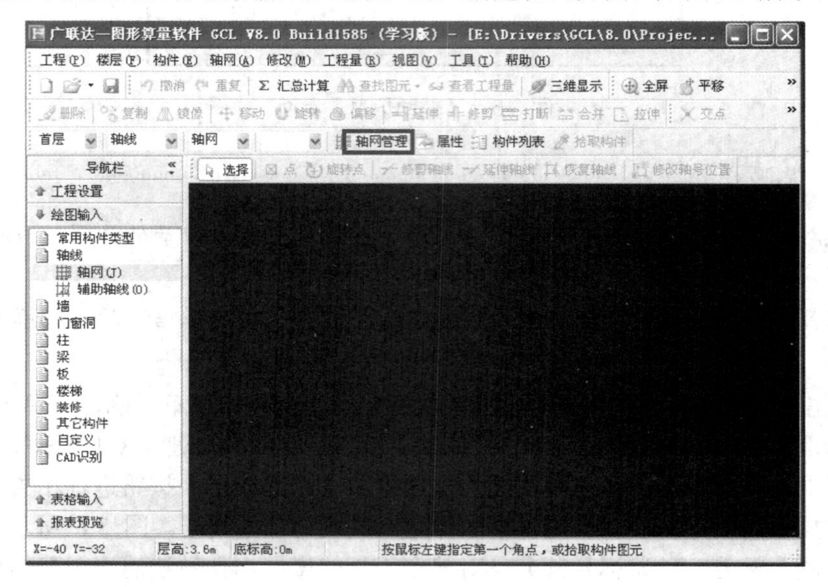

图3.7 新建轴网界面

(1) 单击工具栏中的【轴网管理】按钮，弹出【轴网管理】对话框，单击【新建】按钮，如图3.8所示。

图3.8 新建轴网(一)

(2) 根据图样分别输入上、下开间和左、右进深的轴线尺寸。以正交轴网为例，可以从常用值中按轴线标号的顺序双击选中数值或者直接在右侧的表格中输入轴距，按Enter键即可输入下一个数值，轴号由软件自动生成，如图3.9所示。

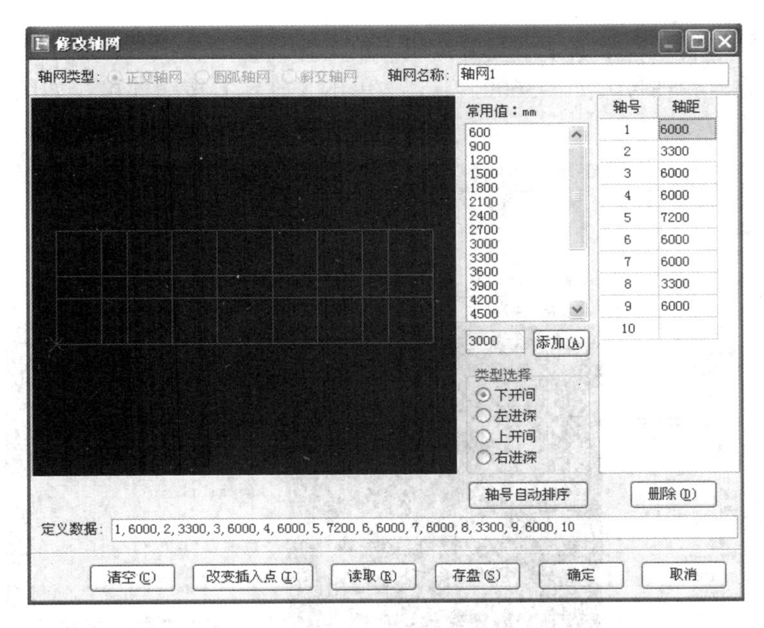

图 3.9 新建轴网(二)

(3) 输入好开间、进深尺寸后，在轴网预览区中会看到轴网的大致形状。确认无误后单击【确定】按钮回到新建轴网窗口，单击【选择】按钮，如果轴线和水平线夹角为0°，则直接单击【确定】按钮即可；如果轴线和水平线有夹角，则输入角度数后单击【确定】按钮，如图 3.10 所示，回到绘图界面即可看到绘制好的轴网，如图 3.11 所示。

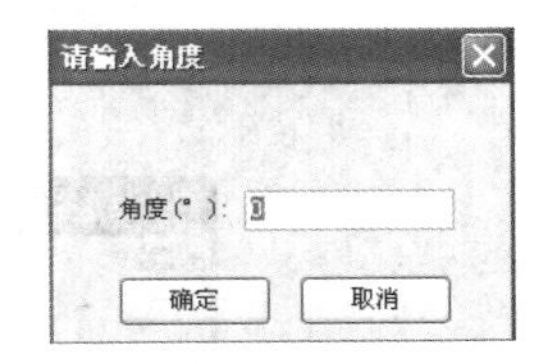

图 3.10 输入角度数

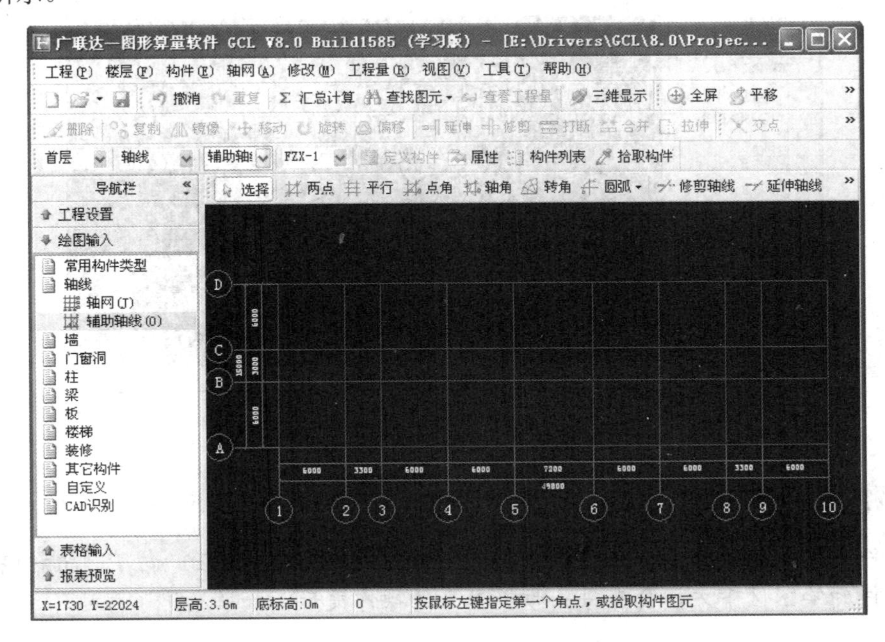

图 3.11 绘制好的轴网

(4) 在某些情况下，还要绘制出辅助轴线。操作如下：在左侧的导航栏中选择【辅助轴线】选项，单击工具栏里的【平行】按钮，单击选择基准轴线，弹出【请输入】对话框，输入偏移距离数值和轴号，如“3600，1/5”，单击【确定】按钮即可，如图3.12和图3.13所示。

图3.12　辅助轴线输入(一)

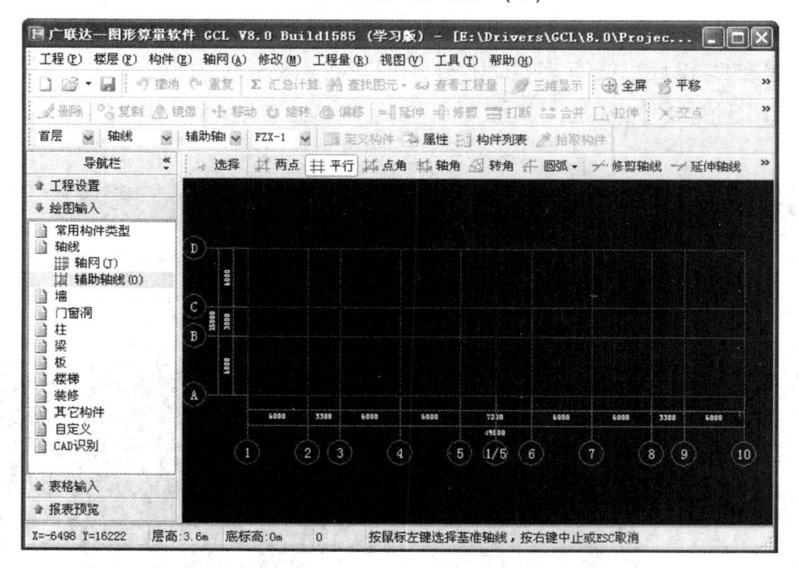

图3.13　辅助轴线输入(二)

在软件中输入的偏移量有正负之分，轴线向上、向左偏移为正，向下、向右偏移为负。

在软件的绘图区下方，会有每一步接下来的操作提示，如果忘记了方法，可以参考提示操作。

3. 构件的定义和绘制

一个建筑的建筑部分大体上分墙体、门窗、过梁等，结构部分分为柱、梁、板等。软件将手动算量的思路内置在软件中，只需要通过定义构件的属性和编辑构件的做法，再把它画出来，就可以计算出工程量了，所以将算量软件的算量过程总结为“三步出量”：定义构件属性、编辑构件做法，绘制构件，汇总工程量。本节将按照柱、梁、墙、板等的顺序演示建筑物各主要构件的定义和绘制。

1) 柱的定义和绘制

在导航栏里选择【柱】选项，然后在工具菜单里选择【定义构件】选项，就进入了【构件管理】界面，或者直接在工具栏中单击【定义构件】按钮，也可以直接进入【构件管理】界面。在【新建】下拉菜单里选择要建立的柱子类型，如【新建矩形柱】选项，按照图样要求输入柱子的名称、类别、材质、截面宽度和截面高度等信息，如图3.14和图3.15所示。

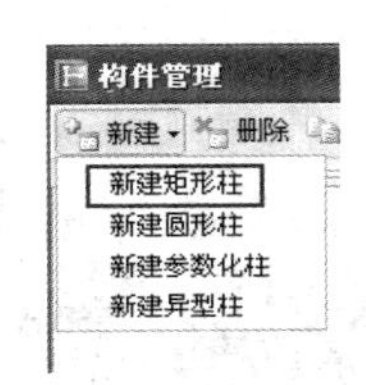

图3.14　新建柱

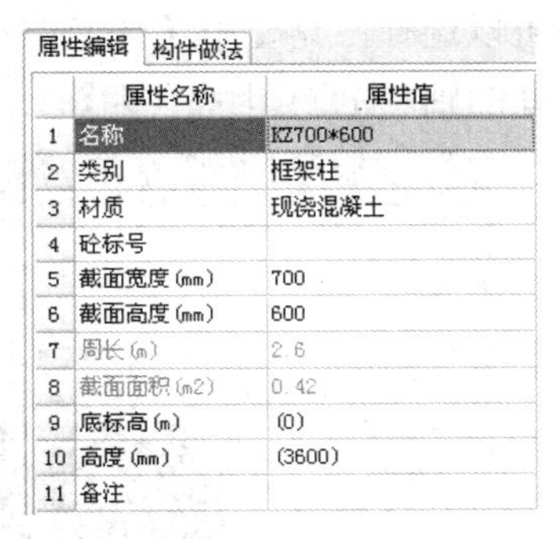

	属性名称	属性值
1	名称	KZ700*600
2	类别	框架柱
3	材质	现浇混凝土
4	砼标号	
5	截面宽度(mm)	700
6	截面高度(mm)	600
7	周长(m)	2.6
8	截面面积(m2)	0.42
9	底标高(m)	(0)
10	高度(mm)	(3600)
11	备注	

图3.15　柱的属性编辑

单击【构件做法】选项卡，选择【查询】下拉菜单中的【查询匹配清单项】命令，选择柱的做法，双击正确的清单项即可定义柱的做法，为了将来对量方便，一般将构件的名称复制到项目里，如图3.16所示。按照相同的方法可继续定义其他类型的柱。

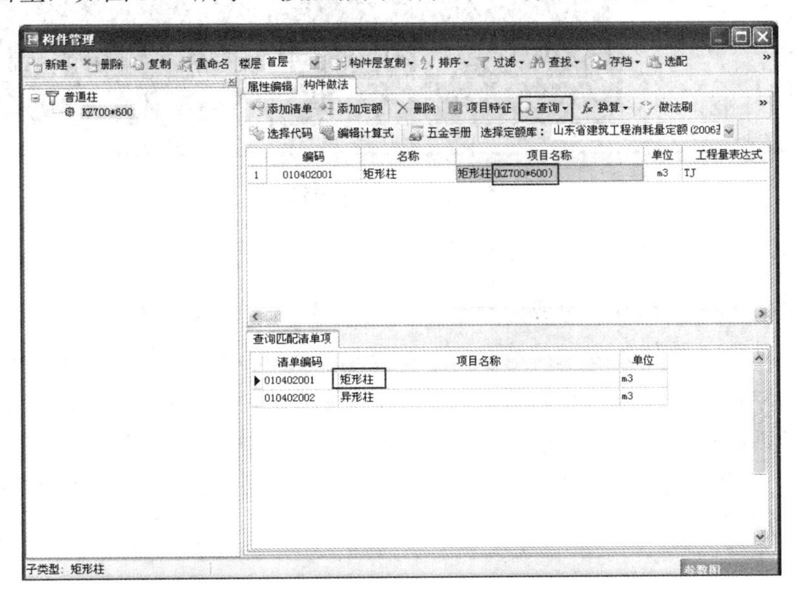

图3.16　柱的做法编辑

特别提示

在属性编辑器中，带括号的属性为默认属性，不带括号的为非默认属性。默认属性的内容会根据某些公共数据自动改变，例如，柱高或墙高为缺省属性时，会跟楼层高度一致。如果要修改默认属性的内容，必须去掉小括号后修改才能生效。另外，属性编辑器中蓝色字体的属性为公共属性，黑色字体为私有属性。只要修改了公共属性，该工程的所有图元的这个属性都会改变，例如，柱截面高度改为600mm，则该工程所有柱截面高度都变为600mm。而修改私有属性，则不会影响已经绘制好的图元。

单击工具栏右方的【选择构件】按钮，进入绘图输入界面。柱子的画法可以采取“画点”的方法来完成，按照施工图的位置在相应的轴线交点上分别单击即可。当相同的柱较多时，还可以选择工具栏中【智能布置】下拉菜单中的【轴线】命令，再在下拉框中选择需要布置柱的轴网范围即可，如图3.17所示。

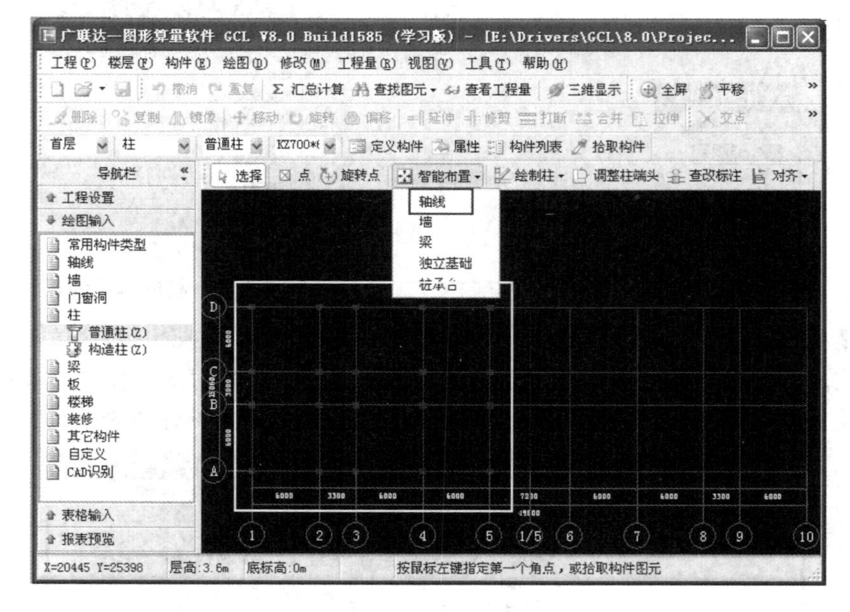

图3.17 智能布置柱

特别提示

当不止定义了一个柱时，每画一种柱都要事先在工具栏中选择相应的柱名称，使之与绘制的柱一一对应。软件为方便检查，可以按Shift+Z组合键，显示柱的名称。

当柱为偏心柱时，可用偏移来实现。Shift+鼠标左键选择轴网交点(D，2)，弹出【输入偏移量】对话框，填写偏移值，如X=0，Y=−1225。单击【确定】按钮即可，如图3.18和图3.19所示。需要注意的是，软件中正交偏移是按坐标轴区分正负的，X轴向左、Y轴向下偏移为负，反之为正。

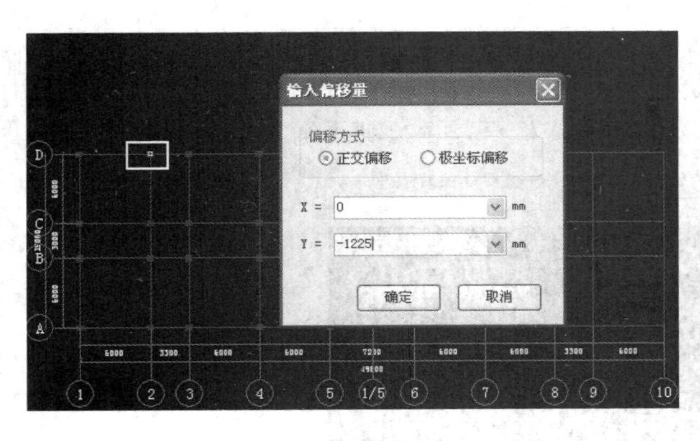

图 3.18　柱的偏移(一)

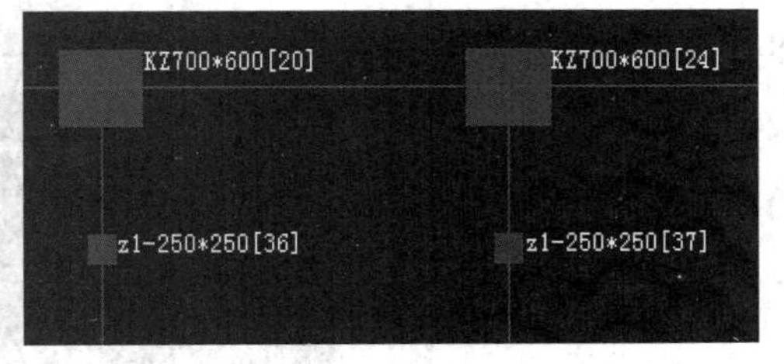

图 3.19　柱的偏移(二)

2) 梁的定义和绘制

在导航栏里选择【梁】选项，并在工具栏中单击【定义构件】按钮，进入【构件管理】界面。在【新建】下拉菜单里选择要建立的梁的类型，如【新建矩形梁】，在【属性编辑】界面中按照图样要求输入梁的名称、类别、材质、截面宽度和截面高度等信息，如图 3.20 所示。

属性编辑　构件做法

	属性名称	属性值
1	名称	KL300*600
2	类别	框架梁
3	材质	现浇混凝土
4	砼标号	
5	截面宽度(mm)	300
6	截面高度(mm)	600
7	截面面积(m2)	0.18
8	起点顶标高(m)	(3.6)
9	终点顶标高(m)	(3.6)
10	轴线距梁左边线距	(150)
11	备注	

图 3.20　梁的属性编辑(一)

单击【构件做法】选项卡，选择【查询】下拉菜单中的【查询匹配清单项】命令，选择梁的做法，双击正确的清单项即可定义梁的做法，将构件的名称复制到项目里。按照相同的方法可继续定义其他类型的梁，如 KL300×700、L250×450、L250×500、L250×600，如图 3.21 所示。

属性编辑　构件做法

添加清单　添加定额　删除　项目特征　查询　换算　做法刷　做法查询

选择代码　编辑计算式　五金手册　选择定额库：山东省建筑工程消耗量定额(2006

	编码	名称	项目名称	单位	工程量表达式
1	010403002	矩形梁	矩形梁(KL300*600)	m3	TJ

查询匹配清单项

清单编码	项目名称	单位
010403001	基础梁	m3
010403002	矩形梁	m3
010403003	异形梁	m3
010403004	圈梁	m3
010403006	弧形、拱形梁	m3

图 3.21　梁的做法编辑

单击工具栏右方的【选择构件】按钮进入绘图输入界面。梁支持【直线】、【折线】画法，如图3.22所示。单击轴线交点皆可绘制梁。需要注意的是，绘制梁的类型一定要先在图层中选择好，可用Shift+L组合键显示梁的名称，检查是否绘制正确。

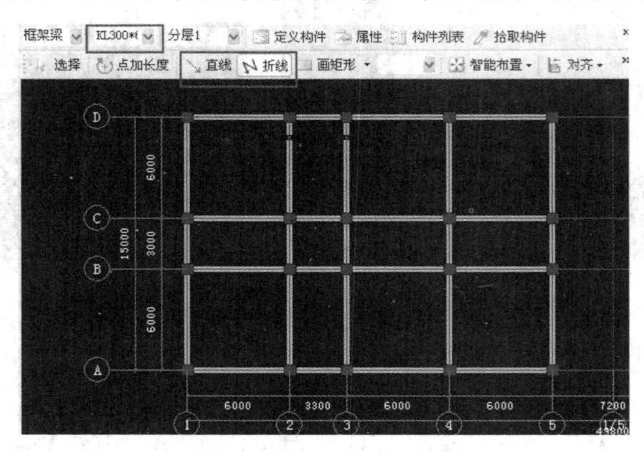

图3.22　梁的绘制(一)

当梁不在轴线上时(如L1、L2)，可用偏移来实现。Shift+鼠标左键选择轴网交点(C，1)，弹出【输入偏移量】对话框，填写偏移值，如X=0，Y=1500。单击【确定】按钮，然后单击【垂点】按钮并单击2轴的梁，右击结束，如图3.23和图3.24所示。

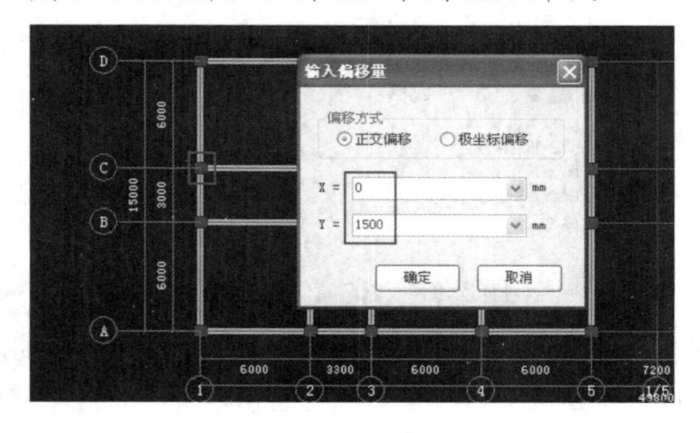

图3.23　梁的偏移(一)

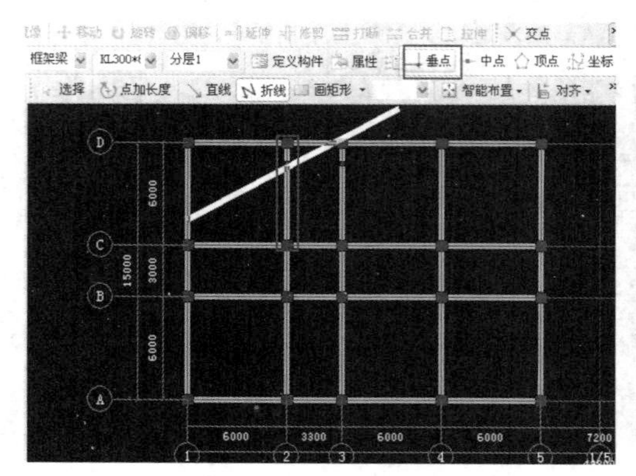

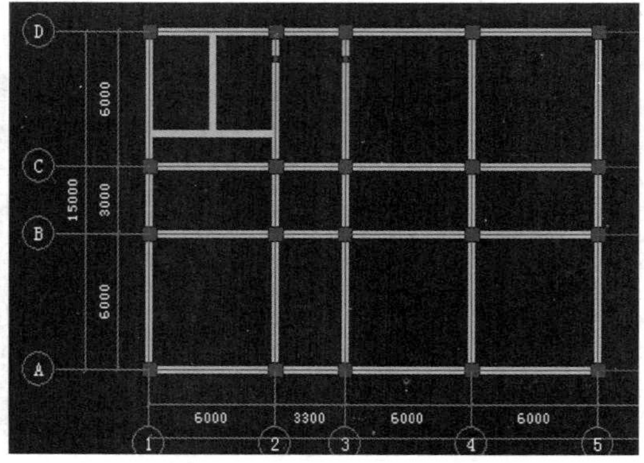

图3.24　梁的偏移(二)

当梁为弧形梁时，可用顺小弧的方法绘制。在后面的空白处输入弧半径，单击(D，5)和(D，6)点即可，如图 3.25 所示。

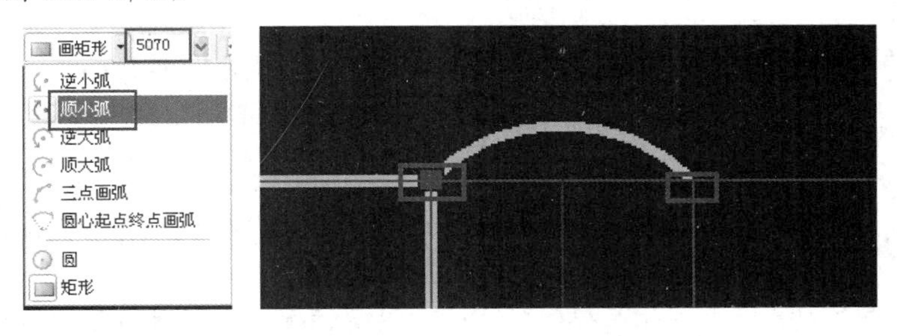

图 3.25　弧形梁的画法

如果在绘图之后发现图层中的构件选择错误，也不用删除构件重画，可以选择画错的构件，右击，选择【修改构件图元名称】命令，选择正确的构件名称即可修改过来。此时，如果发现梁和柱子的位置关系和图样不符，则要把外墙上的梁和柱子的外侧平齐。选择需要偏移的梁，右击，选择【设置梁靠柱边】命令，然后单击该梁上的任意一个柱子，单击选择偏移的方向即可，如图 3.26 所示。

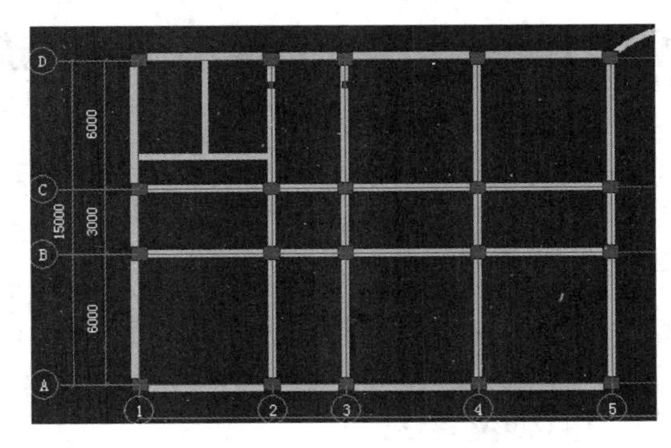

图 3.26　梁靠柱边

3) 墙的定义和绘制

在【新建】下拉菜单中选择墙的类型，如【新建普通墙】，在右侧的【属性编辑】选项卡中修改墙的名称为“Q250”，材质为“砌块”，厚度为“250”，如图 3.27 所示。

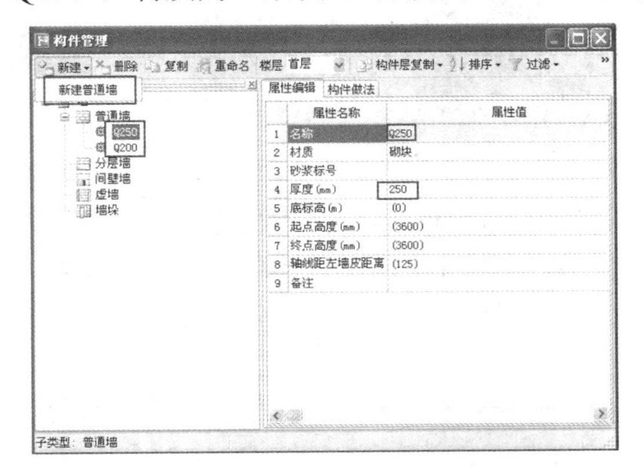

图 3.27　【构件管理】界面

需要注意的是，在软件绘图中为了方便分割房间或围成建筑面积，设有“虚墙”类型，虚墙本身不参与其他构件的扣减，也不用计算工程量。

特别提示

厚度：当墙体材质为砖时，墙体的厚度会自动换算。

底标高：默认为当前楼层的底标高。

终点高度：默认为当前楼层的层高，但当墙体是山墙等斜墙时，起点标高和终点标高是不一致的。

轴线距左墙皮距离：当墙体是偏心时，需要设置该属性，软件默认按逆时针画图的方向区分左右。

定义好构件属性后，切换进入【构件做法】界面，通过【查询】下的【查询清单库】或【查询匹配清单项】选项，都能查找到相应的清单，双击清单项使其跳到上方清单表中。在【构件做法】选项卡中，还可以在工具栏中进行做法查询、项目特征、换算等操作，如图 3.28 所示。

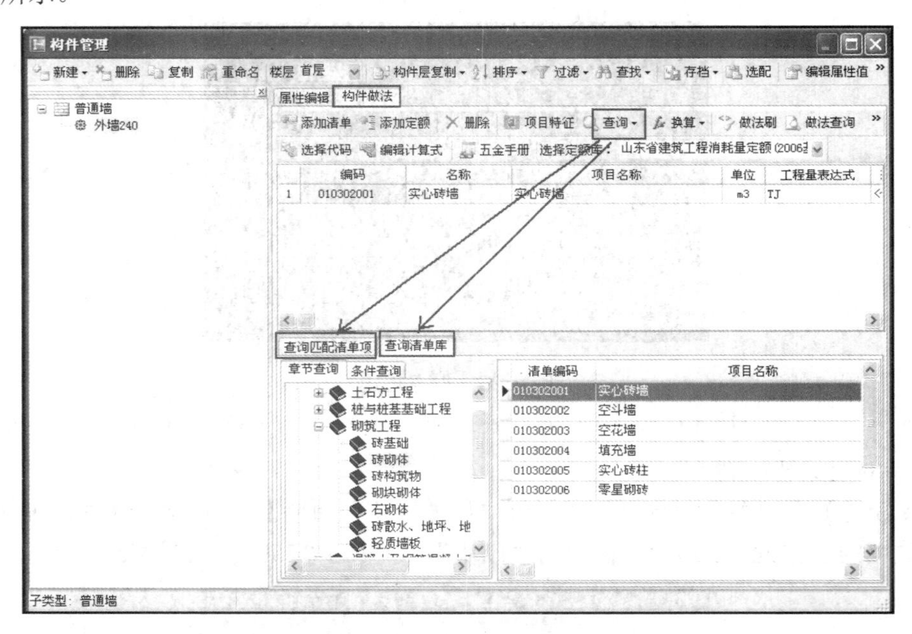

图 3.28 “墙”构件做法界面

编辑好构件属性后，单击【选择构件】按钮，进入绘图界面。在绘图工具栏中，会显示出有关墙体构件的绘制编辑操作，如 选择 点加长度 直线 折线 画矩形 智能布置 对齐 等多种绘图方式，例如，画直线可单击【直线】按钮，再单击绘图区相应线段的两端点，然后右击完成；画折线则可以按顺时针方向连续单击线段的端点，然后右击完成，如图 3.29 所示。

在某些工程中还会遇到弧形墙，画图时可以选择画弧线的功能。单击【画矩形】右侧的下拉菜单，选择【顺小弧】命令，在后面的文本框中填入弧半径，如 5070，单击外墙上某两个轴线交点，右击结束完成，如图 3.30 所示。

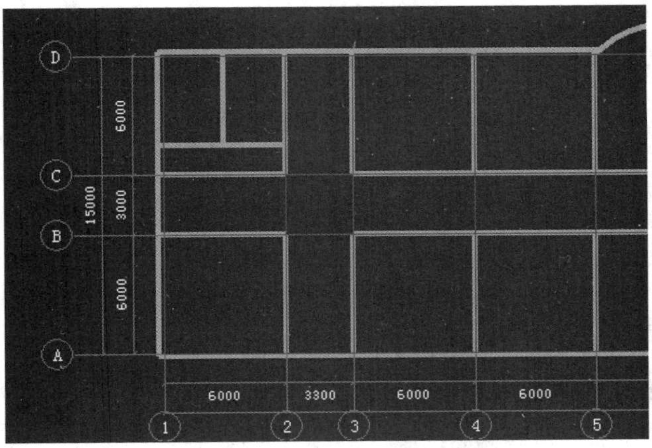

图 3.29　直线(折线)画法

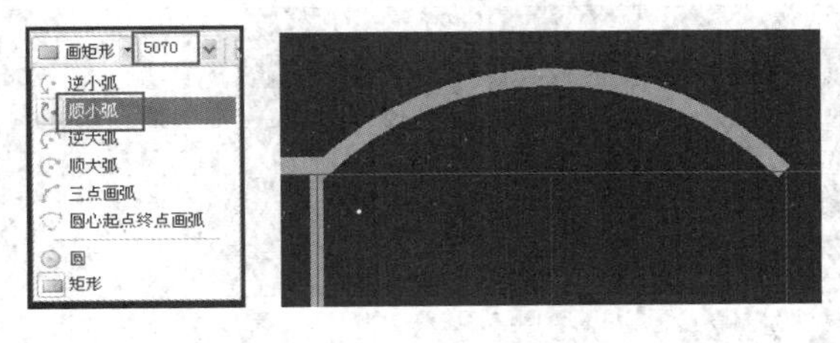

图 3.30　弧形墙的画法

由于门窗过梁和墙体的工程量有扣减关系，因此必须把门窗过梁绘制到墙上，汇总的工程量才准确。门窗过梁的定义方法和墙体相同，绘制时支持点式画法，如图 3.31 所示。

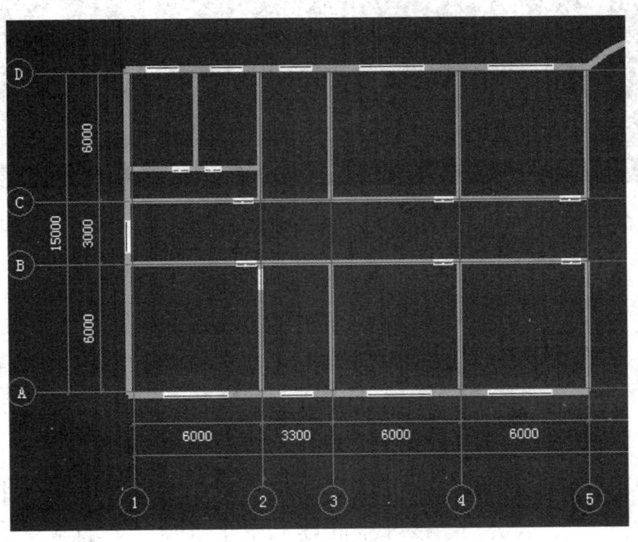

图 3.31　门窗过梁的绘制

4) 板的定义和绘制

在导航栏里选择【板】选项，单击工具栏中的【定义构件】按钮，进入到板的【构件管理】界面。在【新建】下拉菜单中选择【现浇板】命令，按图样要求输入板的属性值，如图 3.32 所示。

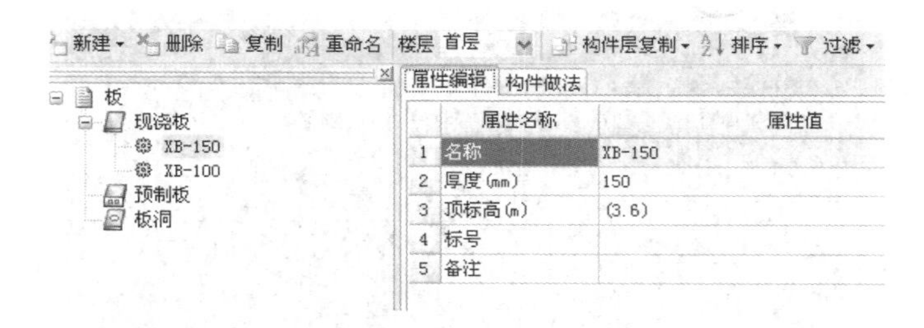

图 3.32 现浇板的编辑

板可以用【点】的画法或【画矩形】的画法绘制。在工具栏中选择【点】命令，单击相应的板即可，或在工具栏中选择【画矩形】命令，分别单击板的对角线两点即可，如图3.33所示。

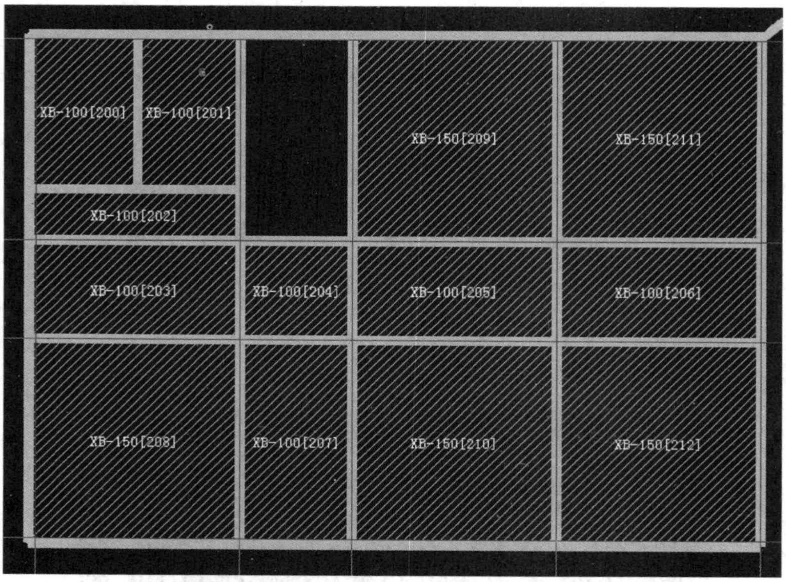

图 3.33 现浇板的绘制

5) 楼梯的绘制

在导航栏中选择【楼梯】下拉菜单中的【直行梯段】命令，单击【定义构件】按钮，选择【新建】下拉菜单中的【新建直段楼梯】命令，按照图样输入楼梯属性和做法，如图3.34和图3.35所示。

楼梯支持点式画法，但楼梯间不封闭，因此需要在楼梯中间建立一个虚墙，虚墙本身不计算工程量，只新建一个虚墙即可，画法和墙体相同。然后在图层中选择直段楼梯，单击楼梯间位置即可。

属性编辑 构件做法

	属性名称	属性值
1	名称	ZLT-1
2	踏步宽度(mm)	300
3	楼梯高度(mm)	(3600)
4	梯板厚(mm)	60
5	建筑面积计算	不计算
6	备注	

图 3.34 楼梯的属性编辑

	编码	名称	项目名称	单位	工程量表达式	表达式说明/工程量
1	010406001	直形楼梯	直形楼梯	m2	TYMJ	<投影面积>

图 3.35 楼梯的做法编辑

如果楼梯边的起始方向和图样不符，可以通过【设置矩形楼梯起始踏步边】功能改变，如图 3.36 所示。

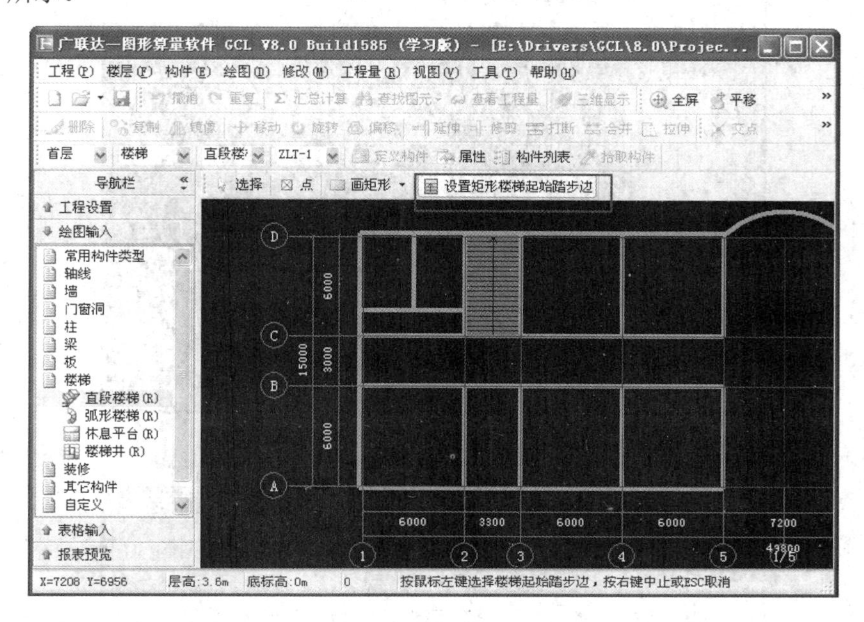

图 3.36 楼梯的绘制

特别提示

计算规则中计算楼梯工程量时，梯井宽度小于 500mm 不扣除面积，在遇到这样的楼梯时，就可以不用绘制梯井，以提高绘图速度。

当图样对称时，可以使用【块镜像】功能快速画图。例如，本图样以 1/5 轴线为对称轴左右对称，可以先将 1/5 轴线左侧的所有构件画好，然后选择【楼层】下拉菜单中的【块镜像】命令，如图 3.37 所示。

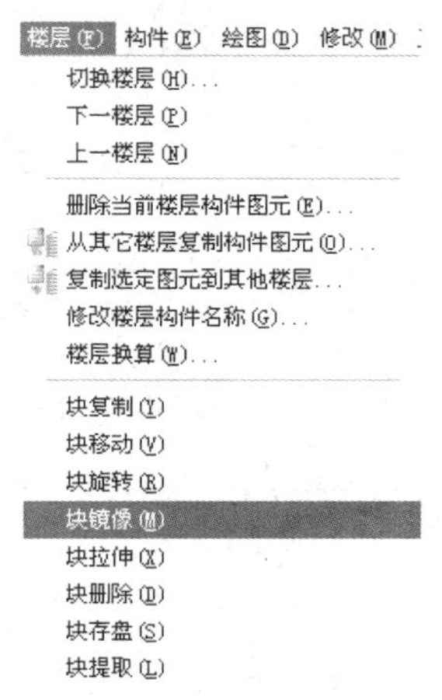

图 3.37 块镜像(一)

拉框选择左侧画好的构件图元，单击 1/5 轴线上任意两点，左侧的图元就全部复制到右侧了，如图 3.38 所示。

剩下的 5～6 轴之间的构件，按照前面的方法补充绘制就可以了，在此不再赘述，绘制好的图形如图 3.39 所示。

6) 汇总首层工程量

单击工具栏中的【汇总计算】按钮，选择画好的构件所在楼层，然后单击【计算】按钮即可。想查看工程量可以单击【选择】按钮，用鼠标左键拉框选择想查看的构件，然后单击工具栏中的【查看工程量】按钮，在【查看图元工程量】窗口中即可查看到构件的工程量等信息。也可以通过选择【工程量】下拉菜单中的【全楼查看做法工程量】命令查看全楼工程量，如图 3.40 所示。

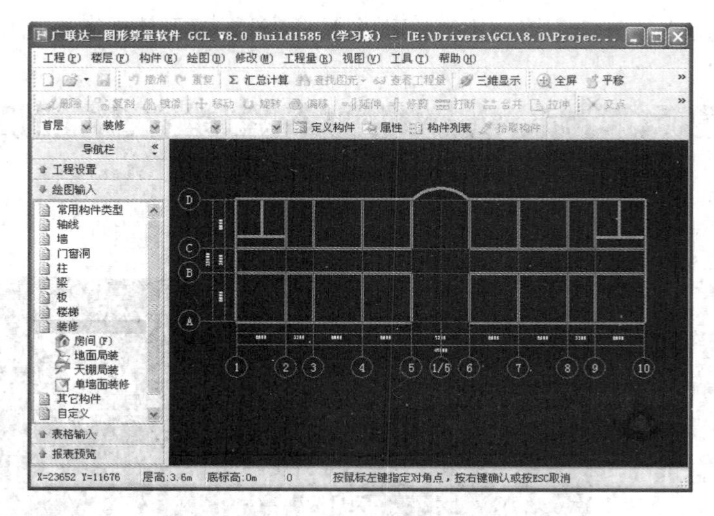

图 3.38　块镜像(二)

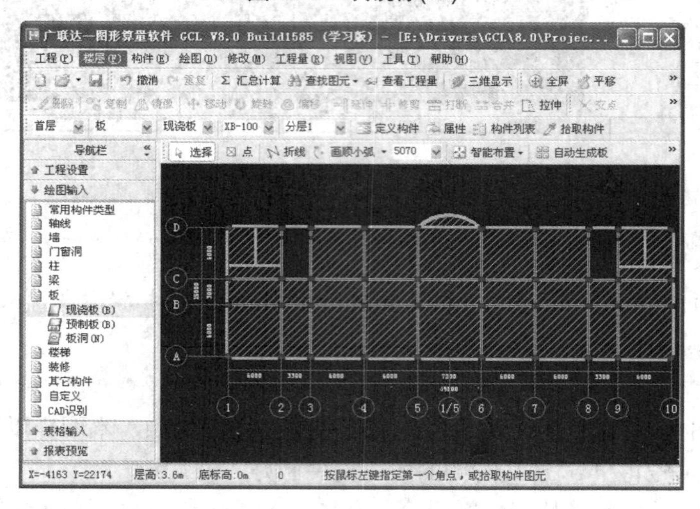

图 3.39　5～6 轴构件图元的绘制

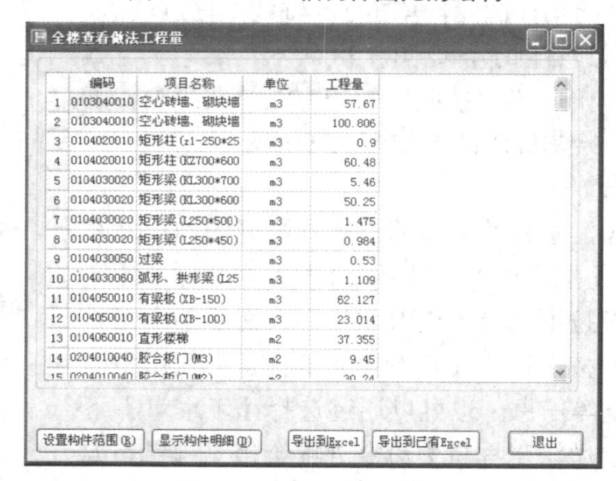

	编码	项目名称	单位	工程量
1	0103040010	空心砖墙、砌块墙	m3	57.67
2	0103040010	空心砖墙、砌块墙	m3	100.806
3	0104020010	矩形柱(z1-250*25	m3	0.9
4	0104020010	矩形柱(KZ700*600	m3	60.48
5	0104030020	矩形梁(KL300*700	m3	5.46
6	0104030020	矩形梁(KL300*600	m3	50.25
7	0104030020	矩形梁(L250*500)	m3	1.475
8	0104030020	矩形梁(L250*450)	m3	0.984
9	0104030050	过梁	m3	0.53
10	0104030060	弧形、拱形梁(L25	m3	1.109
11	0104050010	有梁板(XB-150)	m3	62.127
12	0104050010	有梁板(XB-100)	m3	23.014
13	0104060010	直形楼梯	m2	37.355
14	0204010040	胶合板门(M3)	m2	9.45

图 3.40　全楼查看做法工程量

特别提示

可以通过快捷键 F11 查看构件图元工程量计算式，在定额工程量中可以查到该工程模板、脚手架的工程量，如图 3.41 所示。

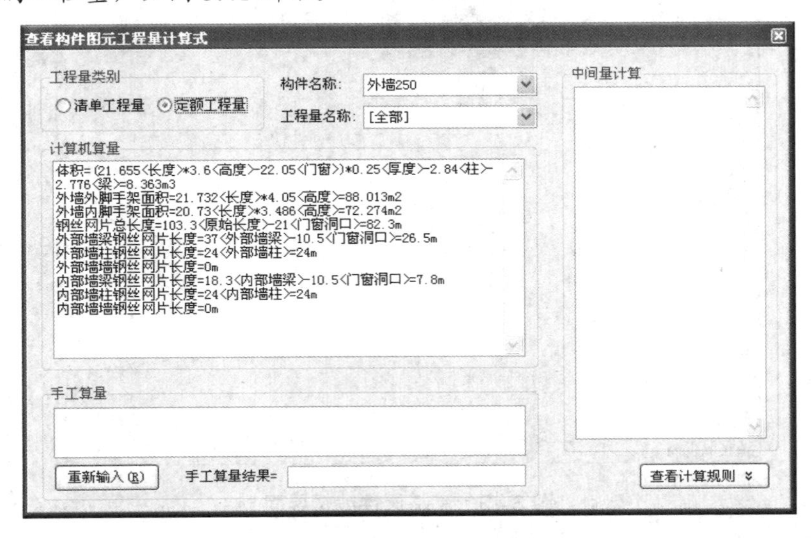

图 3.41　查看构件图元工程量计算式

7) 绘制基础部分

首先要在工具栏中切换楼层为基础层，然后把首层相关墙和柱图元复制到基础层，即在菜单栏中选择【楼层】命令，单击【从其它楼层复制构件图元】按钮，在【源楼层】下拉列表中选择【首层】命令，勾选所要复制的【墙】、【柱】图元复选框，选择完毕，单击【确定】按钮，如图 3.42 所示。

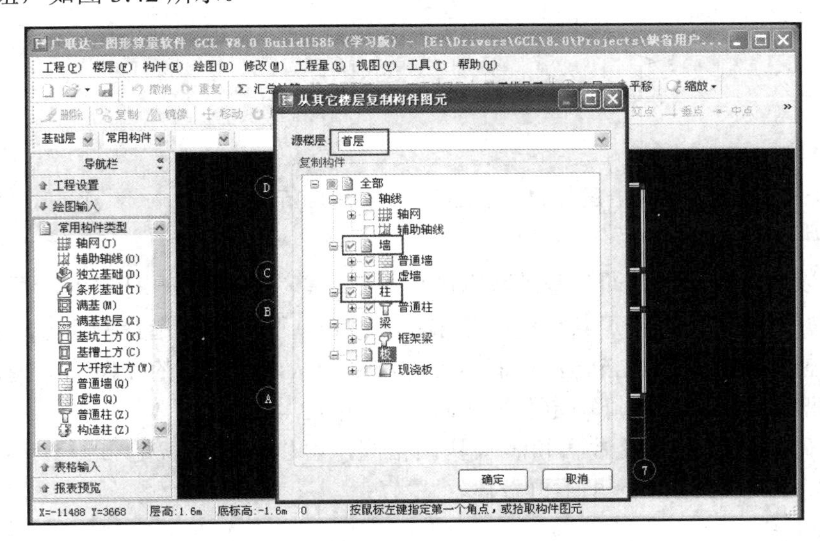

图 3.42　【从其它楼层复制构件图元】界面

本部分以满堂基础为例，讲解软件的操作。在导航栏中选择【基础】构件类型的【满

基】命令并定义构件，在【构件管理】界面中按照图样要求对满堂基础进行【属性编辑】和【构件做法】编辑，如图3.43所示。单击【选择构件】按钮退出即可绘图。

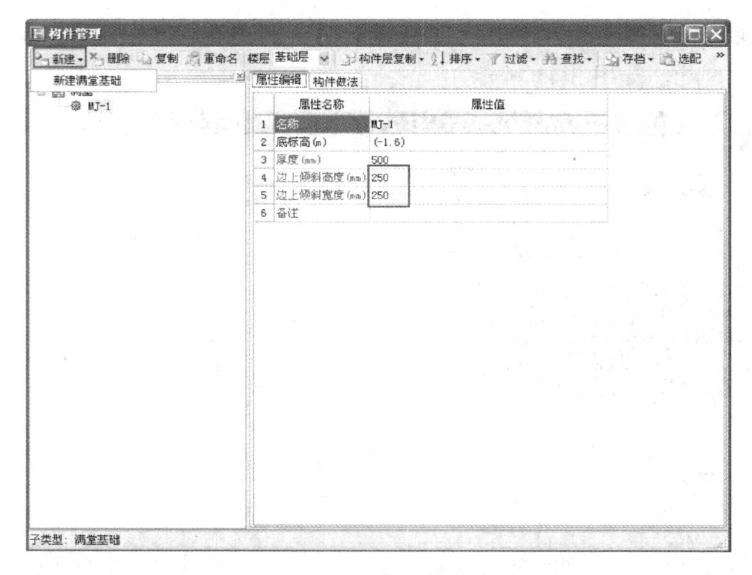

图3.43　满基属性编辑界面

特别提示

边上倾斜高度(宽度)如图3.44所示。

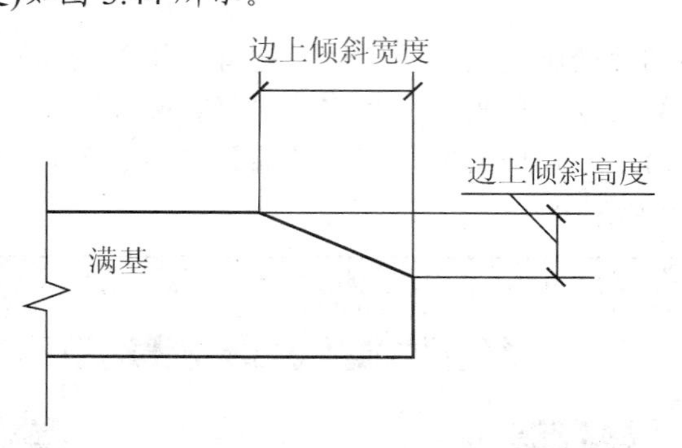

图3.44　边上倾斜高度(宽度)示意图

满基可以用点式画法，即在基础范围内任意一点单击即可，如图3.45所示。修改满基可以选择画好的基础，单击工具栏中的【偏移】按钮，弹出【请选择偏移方式】对话框，然后选择【整体偏移】单选按钮，在满基外部右击确认，在弹出的【请输入偏移距离】对话框中输入偏移距离，单击【确定】按钮即可，如图3.46所示。

满堂基础的垫层定义及做法和满堂基础相同，可以选择【智能布置】下拉菜单中的【满堂基础】命令来操作，这里不再赘述。

8) 报表汇总

将所有楼层的构件绘制好并汇总计算后，可以进行报表汇总。在导航栏中切换到【报表预览】界面即可预览报表，如图3.47所示。

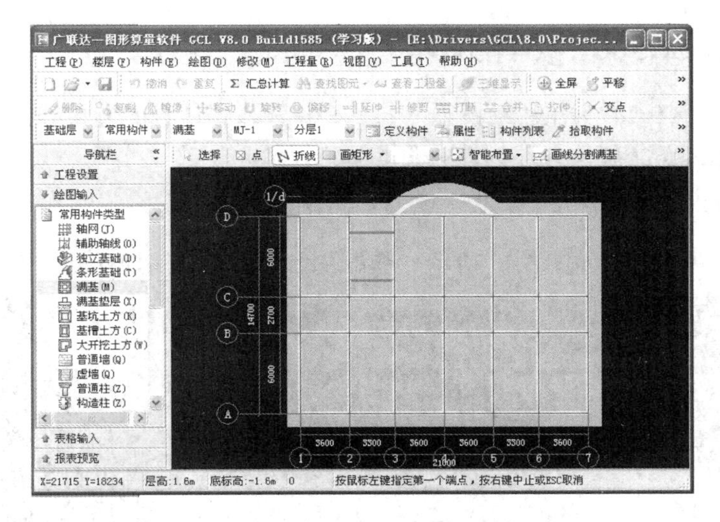

图 3.45 满基画法

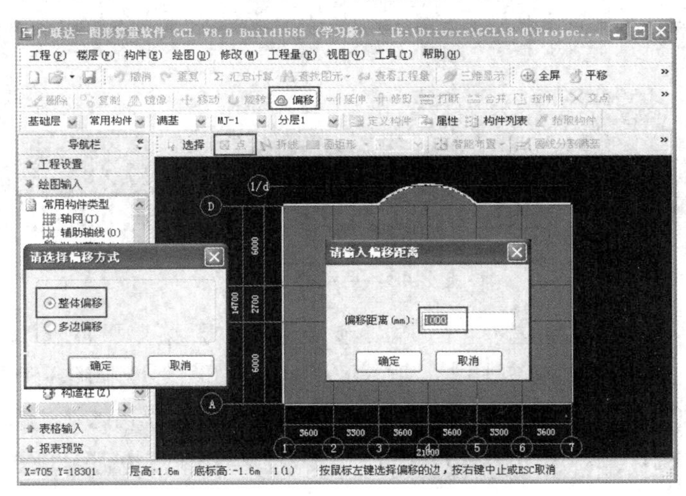

图 3.46 偏移操作界面

招标人清单汇总表

工程名称：办公大楼学习版 编制日期：2009-4-

序号	编码	项目名称	单位	工程量	工程量明细	
					绘图输入	表格输
1	01030400100	空心砖墙、砌块墙（250）	m3	57.67	57.67	
2	01030400100	空心砖墙、砌块墙（200）	m3	100.806	100.806	
3	01040200100	矩形柱(z1-250*250)	m3	0.9	0.9	
4	01040200100	矩形柱(KZ700*600)	m3	60.48	60.48	
5	01040300200	矩形梁(KL300*700)	m3	5.46	5.46	
6	01040300200	矩形梁(KL300*600)	m3	50.25	50.25	
7	01040300200	矩形梁(L250*500)	m3	1.475	1.475	
8	01040300200	矩形梁(L250*450)	m3	0.984	0.984	
9	01040300500	过梁	m3	0.53	0.53	
10	01040300600	弧形、拱形梁(L250*600)	m3	1.109	1.109	
11	01040500100	有梁板(XB-150)	m3	62.127	62.127	
12	01040500100	有梁板(XB-100)	m3	23.014	23.014	
13	01040600100	直形楼梯	m2	37.355	37.355	
14	02040100400	胶合板门(M3)	m2	9.45	9.45	
15	02040100400	胶合板门(M2)	m2	30.24	30.24	
16	02040400500	全玻门(带扇框)(M1)	m2	13.05	13.05	
17	02040600700	塑钢窗(C3)	m2	7.8	7.8	

图 3.47 报表预览

3.2.3 钢筋抽样 GGJ 10.0 软件操作

钢筋抽样 GGJ 10.0 软件采用绘图输入与单构件输入相结合的方式，自动按照现行的“平法”G101—X 系列图集整体处理构件中的钢筋工程量。

1. 新建工程

首先启动软件，界面如图 3.48 所示，单击左上角的【钢筋抽样软件】按钮即可进入。

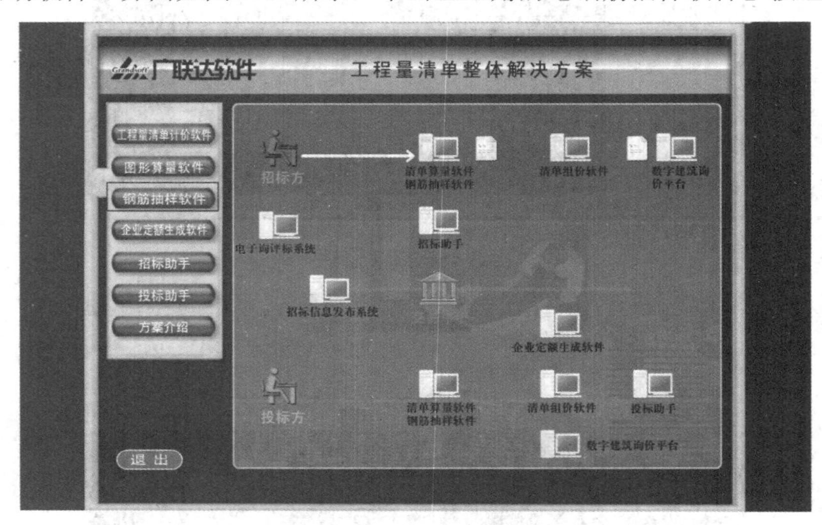

图 3.48　启动界面(二)

根据新建向导，可以新建一个工程。选择【工程】菜单下的【新建】命令，打开【新建工程】界面，根据工程要求按照提示输入信息即可，如图 3.49 和图 3.50 所示。【比重设置】和【弯钩设置】如果在图样中没有说明，可不做修改，直接单击【下一步】按钮即可。

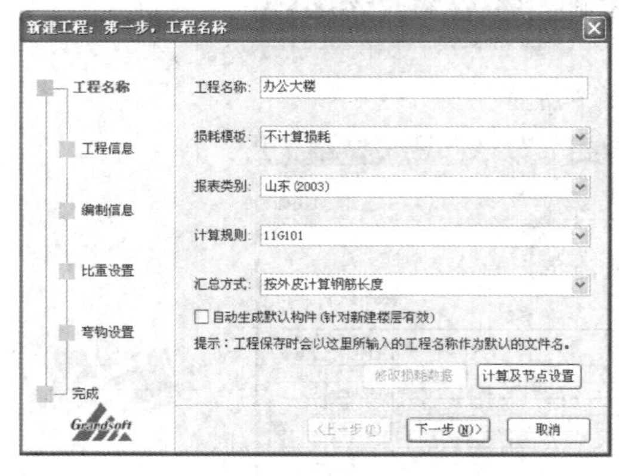

图 3.49　新建工程(一)

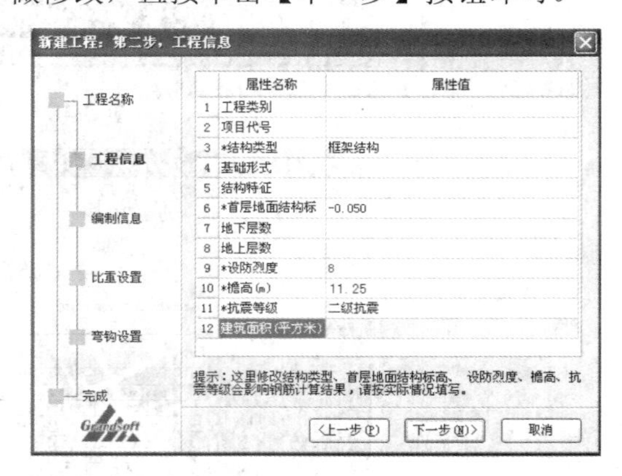

图 3.50　新建工程(二)

在新建好工程后，需要重新填写或者修改工程信息、报表类别、钢筋损耗、抗震等级等信息时，可以在【工程设置】界面进行设定，然后进入【楼层管理】界面。和图形算量软件一样，按照图样的要求添加楼层等内容，所不同的是，在层高中遇到没有钢筋构件的部分要扣除高度，如钢筋混凝土基础垫层等。在【楼层钢筋缺省设置】中按图样要求把构件的混凝土标号、保护层等信息修改好后，单击【复制到其他楼层】按钮，如图 3.51 所示。选择导航栏中的【绘图输入】命令，进入绘图界面即可。

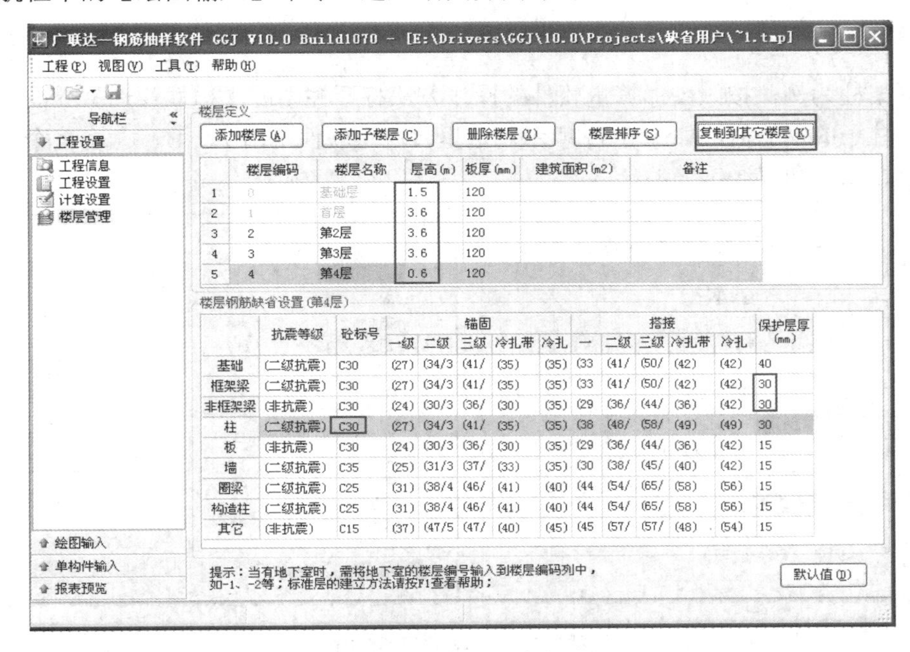

图 3.51　楼层管理

2. 新建轴网

轴网的建立方法和图形算量相同，如图 3.52 所示。

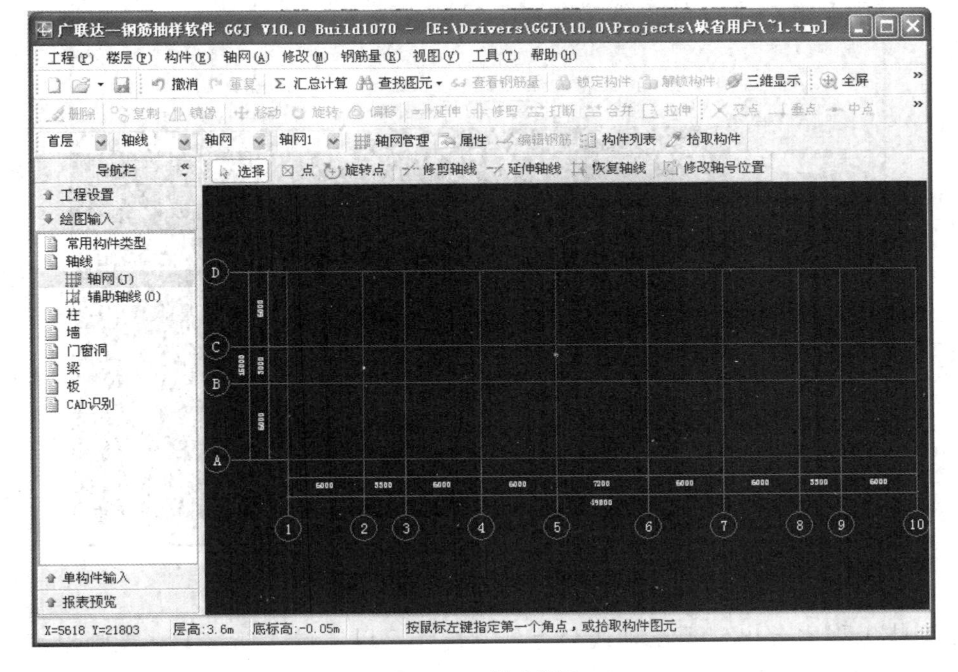

图 3.52　新建轴网

在钢筋抽样软件中，其绘图流程是：定义构件→绘制构件→汇总计算。按照这个步骤，本部分依次讲解柱、梁、板和基础内钢筋的计算。

3. 柱筋

以框架柱为例，按照图形算量软件的操作方法打开柱子的【构件管理】界面。按照配筋图输入柱子的钢筋值，如图 3.53 所示。这里要注意软件是用 A、B、C 这 3 个字母，来代替一级、二级和三级钢筋的。

属性编辑

	属性名称	属性值
1	名称	KZ-1
2	类别	框架柱
3	截面宽(B边)(mm)	700
4	截面高(H边)(mm)	600
5	全部纵筋	
6	角筋	4B25
7	B边一侧中部筋	4B25
8	H边一侧中部筋	3B25
9	箍筋	A10@100/200
10	肢数	5*4
11	其它箍筋	
12	柱类型	中柱
13	芯柱	
18	其它属性	
30	锚固搭接	

属性编辑

	属性名称	属性值
1	名称	Z1
2	类别	框架柱
3	截面宽(B边)(mm)	250
4	截面高(H边)(mm)	250
5	全部纵筋	
6	角筋	4B20
7	B边一侧中部筋	1B20
8	H边一侧中部筋	1B20
9	箍筋	A8@200
10	肢数	2*2
11	其它箍筋	
12	柱类型	中柱
13	芯柱	
18	其它属性	
30	锚固搭接	

图 3.53 框架柱属性编辑

可以用【点】或【智能布置】命令画柱，方法和图形算量软件的操作方法相同，也可以用镜像复制功能，如图 3.54 所示。

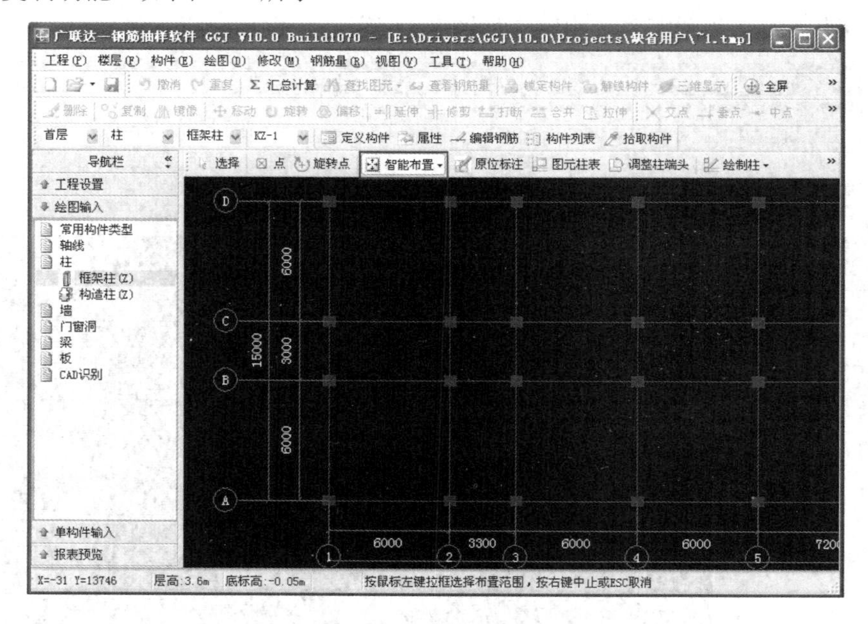

图 3.54 用【智能布置】画柱

在某些工程中会出现不在轴线交点处的柱，可以通过【偏移】功能画出来，即用 Shift+鼠标左键单击要偏移的柱轴线交点，在弹出的【输入偏移量】对话框中按图样信息输入偏移值，单击【确定】按钮即可，如图 3.55 所示。

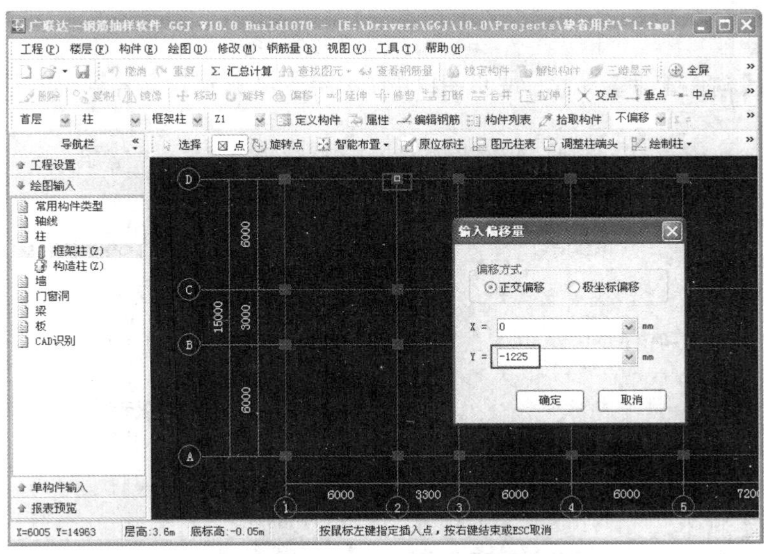

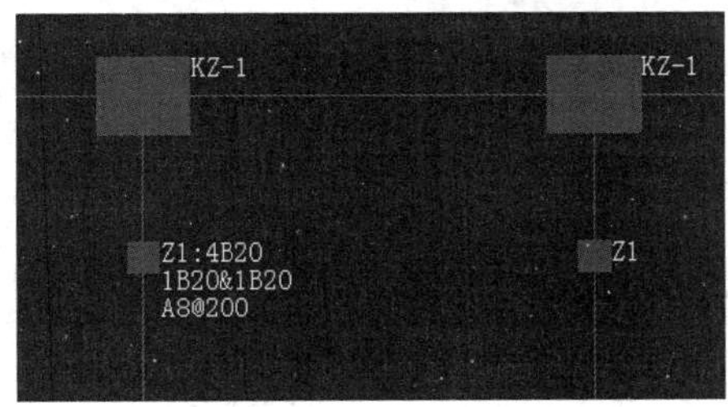

图 3.55 柱的偏移

选择【钢筋量】下拉菜单中的【汇总计算】命令，单击【确定】按钮，即可查看柱内钢筋了，再单击工具栏中的【查看钢筋量】按钮，选择要查看的柱，在绘图区下方会显示该柱内的钢筋信息，如图 3.56 所示。

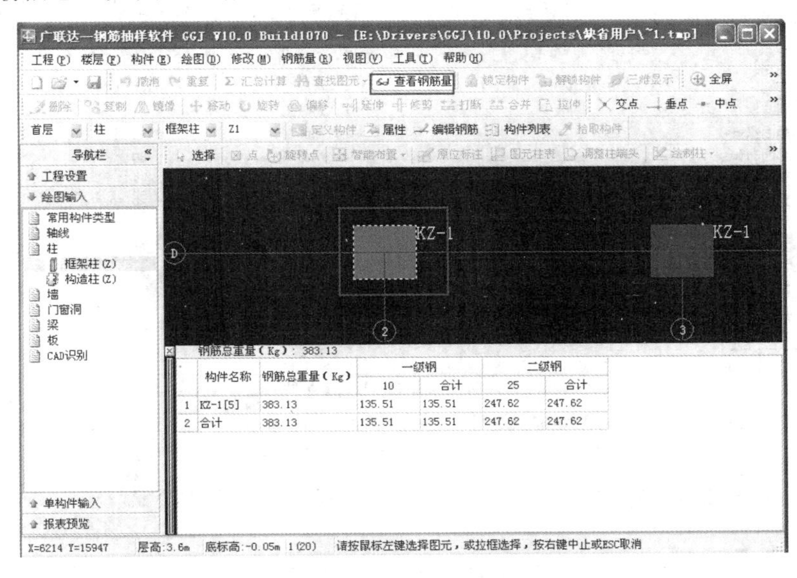

	构件名称	钢筋总重量(Kg)	一级钢		二级钢	
			10	合计	25	合计
1	KZ-1[5]	383.13	135.51	135.51	247.62	247.62
2	合计	383.13	135.51	135.51	247.62	247.62

图 3.56 柱钢筋量汇总

4. 梁筋

打开梁的【构件管理】界面，按照图样中梁的信息，分别建立各种梁的信息，如图3.57所示。

属性编辑

	属性名称	属性值
1	名称	KL-1
2	类别	楼层框架梁
3	跨数量	
4	截面宽(mm)	300
5	截面高(mm)	600
6	轴线距梁左边线距离(mm)	150
7	箍筋	A10@100/200(2)
8	肢数	2
9	上部通长筋	4B25
10	下部通长筋	4B25
11	侧面纵筋	
12	拉筋	
13	其它箍筋	
14	⊞其它属性	
21	⊞锚固搭接	

属性编辑

	属性名称	属性值
1	名称	KL-2
2	类别	楼层框架梁
3	跨数量	
4	截面宽(mm)	300
5	截面高(mm)	600
6	轴线距梁左边线距离(mm)	(150)
7	箍筋	A10@100/200(2)
8	肢数	2
9	上部通长筋	2B25
10	下部通长筋	4B25
11	侧面纵筋	
12	拉筋	
13	其它箍筋	
14	⊞其它属性	
21	⊞锚固搭接	

属性编辑

	属性名称	属性值
1	名称	KL-3
2	类别	楼层框架梁
3	跨数量	
4	截面宽(mm)	300
5	截面高(mm)	600
6	轴线距梁左边线距离(mm)	(150)
7	箍筋	A10@100/200(2)
8	肢数	2
9	上部通长筋	2B25
10	下部通长筋	4B25
11	侧面纵筋	
12	拉筋	
13	其它箍筋	
14	⊞其它属性	
21	⊞锚固搭接	

属性编辑

	属性名称	属性值
1	名称	KL-4
2	类别	楼层框架梁
3	跨数量	
4	截面宽(mm)	300
5	截面高(mm)	600
6	轴线距梁左边线距离(mm)	(150)
7	箍筋	A10@100/200(2)
8	肢数	2
9	上部通长筋	2B25
10	下部通长筋	
11	侧面纵筋	
12	拉筋	
13	其它箍筋	
14	⊞其它属性	
21	⊞锚固搭接	

属性编辑

	属性名称	属性值
1	名称	L1
2	类别	非框架梁
3	跨数量	
4	截面宽(mm)	250
5	截面高(mm)	500
6	轴线距梁左边线距离(mm)	(125)
7	箍筋	A8@200(2)
8	肢数	2
9	上部通长筋	2B18
10	下部通长筋	
11	侧面纵筋	
12	拉筋	
13	其它箍筋	
14	⊟其它属性	
15	汇总信息	梁
16	保护层厚度(mm)	(30)
17	计算设置	按默认计算设置计算
18	节点构造设置	按默认节点设置计算
19	起点顶标高(m)	3.45
20	终点顶标高(m)	3.45
21	⊞锚固搭接	

属性编辑

	属性名称	属性值
1	名称	L2
2	类别	非框架梁
3	跨数量	
4	截面宽(mm)	250
5	截面高(mm)	450
6	轴线距梁左边线距离(mm)	(125)
7	箍筋	A8@100/200(2)
8	肢数	2
9	上部通长筋	2B16
10	下部通长筋	3B18
11	侧面纵筋	
12	拉筋	
13	其它箍筋	
14	⊟其它属性	
15	汇总信息	梁
16	保护层厚度(mm)	(30)
17	计算设置	按默认计算设置计算
18	节点构造设置	按默认节点设置计算
19	起点顶标高(m)	3.45
20	终点顶标高(m)	3.45
21	⊞锚固搭接	

图3.57　梁的属性编辑(二)

属性编辑

	属性名称	属性值
1	名称	KL-5
2	类别	楼层框架梁
3	跨数量	
4	截面宽(mm)	300
5	截面高(mm)	600
6	轴线距梁左边线距离(mm)	(150)
7	箍筋	A10@100/200(4)
8	肢数	4
9	上部通长筋	2B25+(2B12)
10	下部通长筋	
11	侧面纵筋	
12	拉筋	
13	其它箍筋	
14	其它属性	
21	锚固搭接	

属性编辑

	属性名称	属性值
1	名称	KL-6
2	类别	楼层框架梁
3	跨数量	
4	截面宽(mm)	300
5	截面高(mm)	600
6	轴线距梁左边线距离(mm)	(150)
7	箍筋	A10@100/200(2)
8	肢数	2
9	上部通长筋	2B25
10	下部通长筋	
11	侧面纵筋	G4B16
12	拉筋	(A6)
13	其它箍筋	
14	其它属性	
21	锚固搭接	

属性编辑

	属性名称	属性值
1	名称	KL-7
2	类别	楼层框架梁
3	跨数量	
4	截面宽(mm)	300
5	截面高(mm)	600
6	轴线距梁左边线距离(mm)	(150)
7	箍筋	A10@100/200(2)
8	肢数	2
9	上部通长筋	2B25
10	下部通长筋	
11	侧面纵筋	N4B16
12	拉筋	(A6)
13	其它箍筋	
14	其它属性	
21	锚固搭接	

属性编辑

	属性名称	属性值
1	名称	KL-8
2	类别	楼层框架梁
3	跨数量	
4	截面宽(mm)	300
5	截面高(mm)	600
6	轴线距梁左边线距离(mm)	(150)
7	箍筋	A10@100/200(2)
8	肢数	2
9	上部通长筋	2B25
10	下部通长筋	
11	侧面纵筋	
12	拉筋	
13	其它箍筋	
14	其它属性	
21	锚固搭接	

属性编辑

	属性名称	属性值
1	名称	KL-9
2	类别	楼层框架梁
3	跨数量	
4	截面宽(mm)	300
5	截面高(mm)	600
6	轴线距梁左边线距离(mm)	(150)
7	箍筋	A10@100/200(2)
8	肢数	2
9	上部通长筋	2B25
10	下部通长筋	
11	侧面纵筋	
12	拉筋	
13	其它箍筋	
14	其它属性	
21	锚固搭接	

属性编辑

	属性名称	属性值
1	名称	13
2	类别	非框架梁
3	跨数量	
4	截面宽(mm)	250
5	截面高(mm)	600
6	轴线距梁左边线距离(mm)	(125)
7	箍筋	A10@100/200(2)
8	肢数	2
9	上部通长筋	4B25
10	下部通长筋	4B25
11	侧面纵筋	
12	拉筋	
13	其它箍筋	
14	其它属性	
21	锚固搭接	

图 3.57　梁的属性编辑(二)(续)

特别提示

如果框架梁和非框架梁相交，有次梁加筋的情况时需要先输入次梁宽度，次梁加筋的根数应为两边的根数之和。

当梁顶的标高和默认的层高不一致时，可在第 14 项【其它属性】中的【起点顶标高】或【终点顶标高】上修改，修改时要去掉小括号，如图 3.58 所示。

	其它属性	
14	其它属性	
15	汇总信息	梁
16	保护层厚度(mm)	(25)
17	计算设置	按默认计算设置计算
18	节点构造设置	按默认节点设置计算
19	起点顶标高(m)	(3.55)
20	终点顶标高(m)	(3.55)

图 3.58 【其它属性】

梁的绘制可以用画直线实现，由于工程中梁的种类很多，绘制梁之前要确定工具栏中是否选择的是要画的这根梁，避免出现“张冠李戴”现象；画好梁后可以通过 Shift+L 组合键显示梁的名称，检查绘制的图元是否和名称一致。如果出现梁和柱子不靠齐的情况，可以右击选择【设置梁靠柱边】选项把梁偏移过去，方法同图形算量。绘好的梁如图 3.59 所示。

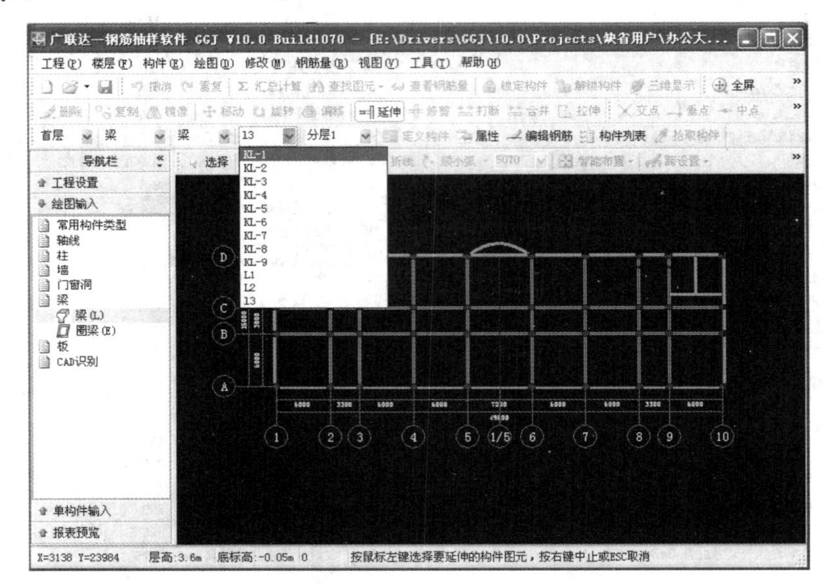

图 3.59 梁的绘制(二)

在定义构件时，已经把梁集中标注的信息输入进去了，在绘图区还要输入梁的原位标注信息。此时可以单击工具栏中的【原位标注】按钮，绘图区下方就会出现原位标注的表格，选择要进行原位标注的梁，按照图样的配筋信息将钢筋输入表格中，检查无误后在绘图区右击，该梁变成绿色，以区分未标注的梁，如图 3.60 所示。

复制跨数据 粘贴跨数据 输入当前列数据 删除当前列数据 页面设置 调换起始跨 悬臂钢筋代号

	跨号	构件尺寸(mm)								上通长筋	左支座
		标高(m)	A1	A2	A3	A4	跨长	截面(B*H)	距左边线距离		
1	1	(3.55)	(150)	(550)	(350)		(6200)	300*600	(150)	4B25[1-9]	
2	2	(3.55)		(350)	(350)		(3300)	300*600	(150)		
3	3	(3.55)		(350)	(350)		(6000)	300*600	(150)		
4	4	(3.55)		(350)	(350)		(6000)	300*600	(150)		
5	5	(3.55)		(350)	(350)		(7200)	300*700	(150)		
6	6	(3.55)		(350)	(350)		(6000)	300*600	(150)		

(a) KL—1 原位标注

图 3.60 梁的原位标注

复制跨数据 粘贴跨数据 输入当前列数据 删除当前列数据 页面设置 调换起始跨 悬臂钢筋代号

	跨号	构件尺寸(mm)					上通长筋	上部钢筋			下部钢筋	
		A3	A4	跨长	截面(B*H)	距左边线距离		左支座钢筋	跨中钢筋	右支座钢筋	通长筋	下部钢筋
1	1	(350)		(6200)	300*600	(150)	2B25[1-9]	4B25			4B25[1-9]	
2	2	(350)		(3300)	300*600	(150)		4B25	4B25			
3	3	(350)		(6000)	300*600	(150)		4B25				
4	4	(350)		(6000)	300*600	(150)		4B25				
5	5	(350)		(7200)	300*700	(150)		4B25				
6	6	(350)		(6000)	300*600	(150)		4B25				
7	7	(350)		(6000)	300*600	(150)		4B25				
8	8	(350)		(3300)	300*600	(150)		4B25	4B25			
9	9	(550)	(150)	(6200)	300*600	(150)		4B25		4B25		

(b) KL—2 原位标注

复制跨数据 粘贴跨数据 输入当前列数据 删除当前列数据 页面设置 调换起始跨 悬臂钢筋代号

	跨号	构件尺寸(mm)								上通长筋	上部钢筋			下部钢筋	
		标高(m)	A1	A2	A3	A4	跨长	截面(B*H)	距左边线距离		左支座钢筋	跨中钢筋	右支座钢筋	通长筋	下部钢筋
1	1	(3.55)	(150)	(550)	(350)		(6200)	300*600	(150)	2B25[1-9]	6B25 4/2			4B25[1-9]	
2	2	(3.55)		(350)	(350)		(3300)	300*600	(150)		6B25 4/2	6B25 4/2			
3	3	(3.55)		(350)	(350)		(6000)	300*600	(150)		6B25 4/2				
4	4	(3.55)		(350)	(350)		(6000)	300*600	(150)		6B25 4/2				
5	5	(3.55)		(350)	(350)		(7200)	300*700	(150)		6B25 4/2				
6	6	(3.55)		(350)	(350)		(6000)	300*600	(150)		6B25 4/2				
7	7	(3.55)		(350)	(350)		(6000)	300*600	(150)		6B25 4/2				
8	8	(3.55)		(350)	(350)		(3300)	300*600	(150)		6B25 4/2	6B25 4/2			
9	9	(3.55)		(350)	(550)	(150)	(6200)	300*600	(150)		6B25 4/2		6B25 4/2		

(c) KL—3 原位标注

复制跨数据 粘贴跨数据 输入当前列数据 删除当前列数据 页面设置 调换起始跨 悬臂钢筋代号

	跨号	构件尺寸(mm)								上通长筋	上部钢筋			下部钢筋		侧面钢筋		箍筋	肢数	次梁宽度	次梁加筋	吊筋	吊筋锚固	箍筋加密长度
		标高(m)	A1	A2	A3	A4	跨长	截面(B*	距左边		左支座钢筋	跨中钢筋	右支座钢	通长筋	下部钢筋	腰筋	拉筋							
1	1	(3.55)	(150	(550	(350		(6200	300*600	(150)	2B25[1	6B25 4/2				6B25 2/4			A10@100/200	2	250	0	2B1	20*d	max(1.5*h, 500)
2	2	(3.55)		(350	(350		(3300	300*600	(150)		6B25 4/2	6B25 4/2			6B25 2/4			A10@100/200	2					max(1.5*h, 500)
3	3	(3.55)		(350	(350		(6000	300*600	(150)		6B25 4/2				6B25 2/4			A10@100/200	2					max(1.5*h, 500)
4	4	(3.55)		(350	(350		(6000	300*600	(150)		6B25 4/2				6B25 2/4			A10@100/200	2					max(1.5*h, 500)
5	5	(3.55)		(350	(350		(7200	300*700	(150)		6B25 4/2				6B25 2/4			A10@100/200	2					max(1.5*h, 500)
6	6	(3.55)		(350	(350		(6000	300*600	(150)		6B25 4/2				6B25 2/4			A10@100/200	2					max(1.5*h, 500)
7	7	(3.55)		(350	(350		(6000	300*600	(150)		6B25 4/2				6B25 2/4			A10@100/200	2					max(1.5*h, 500)
8	8	(3.55)		(350	(350		(3300	300*600	(150)		6B25 4/2	6B25 4/2			6B25 2/4			A10@100/200	2					max(1.5*h, 500)
9	9	(3.55)		(350	(550	(15	(6200	300*600	(150)		6B25 4/2		6B25 4/2		6B25 2/4			A10@100/200	2					max(1.5*h, 500)

(d) KL—4 原位标注

复制跨数据 粘贴跨数据 输入当前列数据 删除当前列数据 页面设置 调换起始跨 悬臂钢筋代号

	跨号	构件尺寸(mm)								上通长筋	上部钢筋			下部钢筋		侧面钢筋		箍筋	肢数	次梁宽度	次梁加筋	吊筋	吊筋锚固
		标高(m)	A1	A2	A3	A4	跨长	截面(B*	距左边		左支座钢筋	跨中钢筋	右支座钢	通长筋	下部钢筋	腰筋	拉筋						
1	1	(3.45)	(125	(125	(0)	(30	(4500	250*450	(125)	2B16				3B18				A8@100/200(	2	250	0	2B18	20*d

(e) L1 原位标注

复制跨数据 粘贴跨数据 输入当前列数据 删除当前列数据 页面设置 调换起始跨 悬臂钢筋代号

	跨号	构件尺寸(mm)								上通长筋	上部钢筋			下部钢筋		侧面钢筋		箍筋	肢数	次梁宽度	次梁加筋	吊筋	吊筋锚固
		标高(m)	A1	A2	A3	A4	跨长	截面(B*	距左边		左支座钢筋	跨中钢筋	右支座钢	通长筋	下部钢筋	腰筋	拉筋						
1	1	(3.55)	(150	(450	(300		(6150	300*600	(150)	2B25[1	6B25 4/2	(2B12)			6B25 2/4			A10@100/200	4				
2	2	(3.55)		(300	(300		(3000	300*600	(150)		6B25 4/2	6B25 4/2			4B25			A10@100/200	4				
3	3	(3.55)		(300	(450	(15	(6150	300*600	(150)		6B25 4/2	(2B12)	6B25 4/2		6B25 4/2			A10@100/200	4	250	8A10(4)		

(f) KL—5 原位标注

复制跨数据 粘贴跨数据 输入当前列数据 删除当前列数据 页面设置 调换起始跨 悬臂钢筋代号

	跨号	构件尺寸(mm)								上通长筋	上部钢筋			下部钢筋		侧面钢筋		箍筋	肢数	次梁宽度	次梁加筋	吊筋	吊筋锚固
		标高(m)	A1	A2	A3	A4	跨长	截面(B*	距左边		左支座钢筋	跨中钢筋	右支座钢	通长筋	下部钢筋	腰筋	拉筋						
1	1	(3.55)	(300	(300	(300		(6000	300*600	(150)	2B25[1	6B25 4/2				6B25 2/4	G4B16	(A6)	A10@100/200	2				
2	2	(3.55)		(300	(300		(3000	300*600	(150)		6B25 4/2	6B25 4/2			4B25		(A6)	A10@100/200	2				
3	3	(3.55)		(300	(300	(30	(6000	300*600	(150)		6B25 4/2		6B25 4/2		6B25 2/4		(A6)	A10@100/200	2	250	8A10(4)		

(g) KL—6 原位标注

复制跨数据 粘贴跨数据 输入当前列数据 删除当前列数据 页面设置 调换起始跨 悬臂钢筋代号

	跨号	构件尺寸(mm)								上通长筋	上部钢筋			下部钢筋		侧面钢筋	
		标高(m)	A1	A2	A3	A4	跨长	截面(B*	距左边		左支座钢筋	跨中钢筋	右支座钢	通长筋	下部钢筋	腰筋	拉筋
1	1	(3.55)	(300	(300	(300		(6000	300*600	(150)	2B25[1	6B25 4/2				6B25 2/4	N4B16	(A6)
2	2	(3.55)		(300	(300		(3000	300*600	(150)		6B25 4/2	6B25 4/2			4B25		(A6)
3	3	(3.55)		(300	(300	(30	(6000	300*600	(150)		6B25 4/2		6B25 4/2		6B25 2/4		(A6)

(h) KL—7 原位标注

图 3.60 梁的原位标注(续)

	跨号	构件尺寸(mm)								上通长筋	上部钢筋			下部钢筋		侧面钢筋	
		标高(m)	A1	A2	A3	A4	跨长	截面(B*	距左边		左支座钢筋	跨中钢筋	右支座钢	通长筋	下部钢筋	腰筋	拉筋
1	1	(3.55)	(300	(300	(300		(6000	300*600	(150)	2B25[1	6B25 4/2		6B25 4/2		6B25 2/4		
2	2	(3.55)		(300	(300		(3000	300*600	(150)		4B25	4B25	4B25		4B25		
3	3	(3.55)		(300	(300	(30	(6000	300*600	(150)		6B25 4/2		6B25 4/2		6B25 2/4		

(i) KL—8 原位标注

	跨号	构件尺寸(mm)								上通长筋	上部钢筋			下部钢筋		侧面钢筋	
		标高(m)	A1	A2	A3	A4	跨长	截面(B*	距左边		左支座钢筋	跨中钢筋	右支座钢	通长筋	下部钢筋	腰筋	拉筋
1	1	(3.55)	(300	(300	(300		(6000	300*600	(150)	2B25[1	2B25+2B22				6B25 2/4		
2	2	(3.55)		(300	(300		(3000	300*600	(150)		2B25+2B22	2B25+2B22			4B25		
3	3	(3.55)		(300	(300	(30	(6000	300*600	(150)		2B25+2B22		2B25+2B22		6B25 2/4		

(j) KL—9 原位标注

图 3.60　梁的原位标注(续)

如果 KL—6 和 KL—7 的跨数和图样不符，可以选择【跨设置】下拉菜单中的【删除梁支座】命令，单击选择要删除的支座，右击确认，单击弹出对话框中的【是】按钮，进行梁支座调整。

如果某些梁的原位标注相同，可以通过【应用同名梁】提高效率，此时应先选择已经输入好的梁图元，单击工具栏中的【应用同名梁】按钮，然后在弹出的【应用范围选择】对话框中选择【所有同名称的梁】单选按钮即可，如图 3.61 所示。

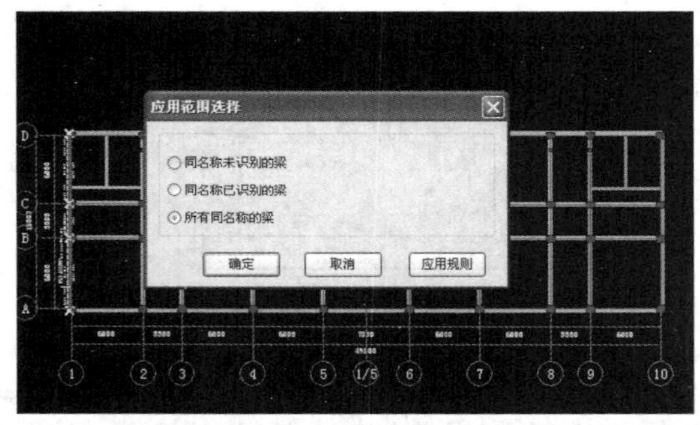

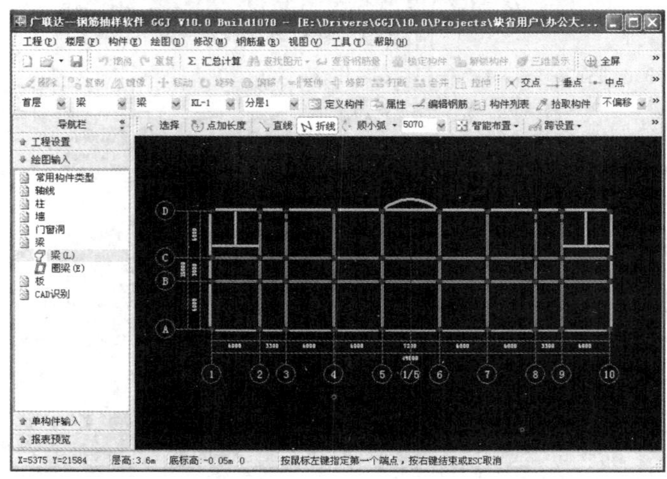

图 3.61　应用同名梁

把所有的梁都标注完毕后，选择【钢筋量】下拉菜单中的【汇总计算】命令，单击【确定】按钮，即可查看梁内钢筋了，再单击工具栏中的【编辑钢筋】按钮，选择要查看的梁，在绘图区下方就会显示该梁内的钢筋信息，如图 3.62 所示。

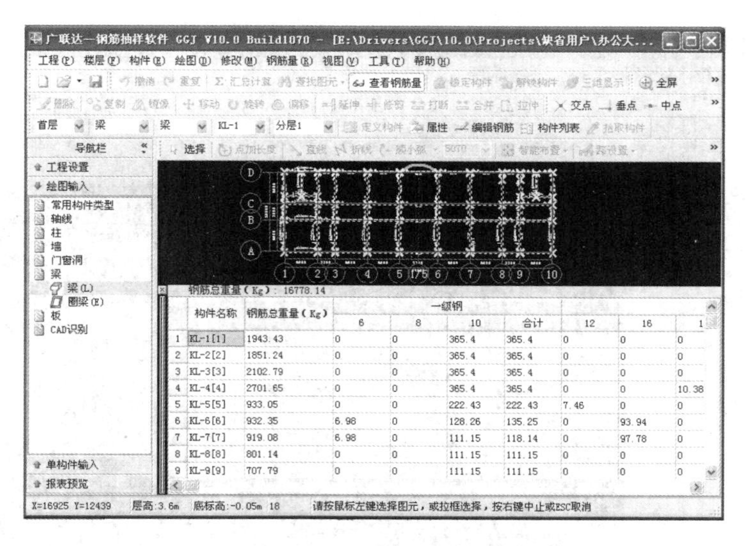

图 3.62　梁钢筋工程量

5. 板筋

以现浇板为例，按照定义梁、柱等构件的方法，输入现浇板的信息，其中马凳筋的输入方式如图 3.63 所示。

板的画法可以按照画【点】和【自动生成板】的方法完成，如图 3.64 所示。

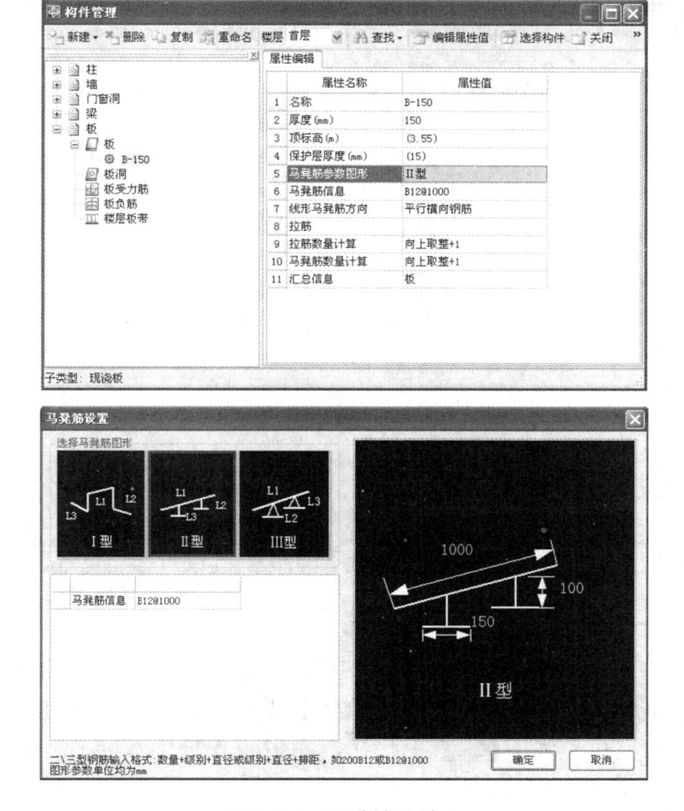

图 3.63　马凳筋的输入

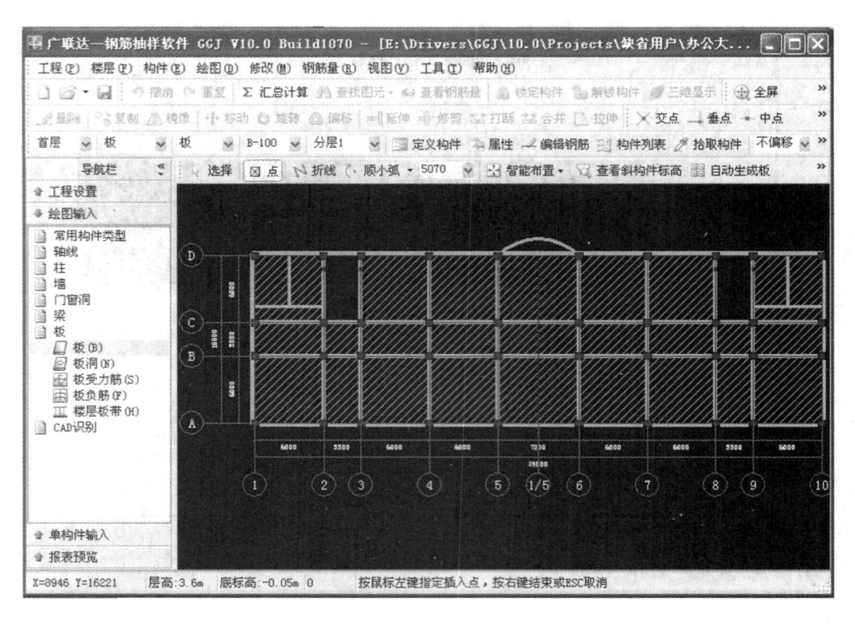

图 3.64 板的生成

定义板内钢筋要先在导航栏中选择【板受力筋】选项，然后进入【构件管理】界面，按照图样输入受力筋信息，如图 3.65 所示。

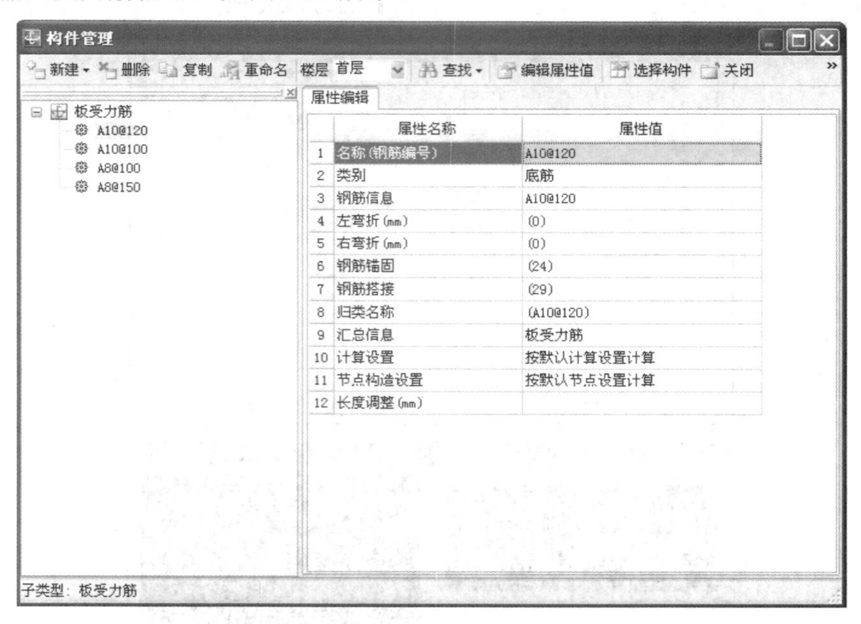

图 3.65 板受力筋属性编辑

单击【选择构件】按钮返回绘图区，布置板受力筋时，如 LB—1 的板受力筋，选择 A10@120 的钢筋种类，单击工具栏中的【单板】、【水平】按钮，在 LB—1 内布置水平受力筋；再选择 A10@100，单击【垂直】按钮，布置垂直受力筋即可，如图 3.66 和图 3.67 所示。

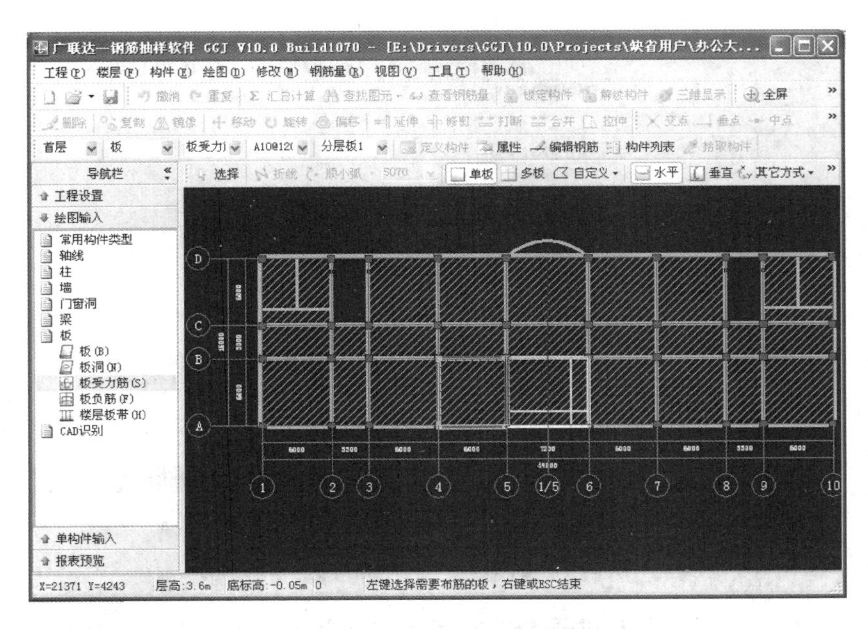

图 3.66　板受力筋的布置(一)

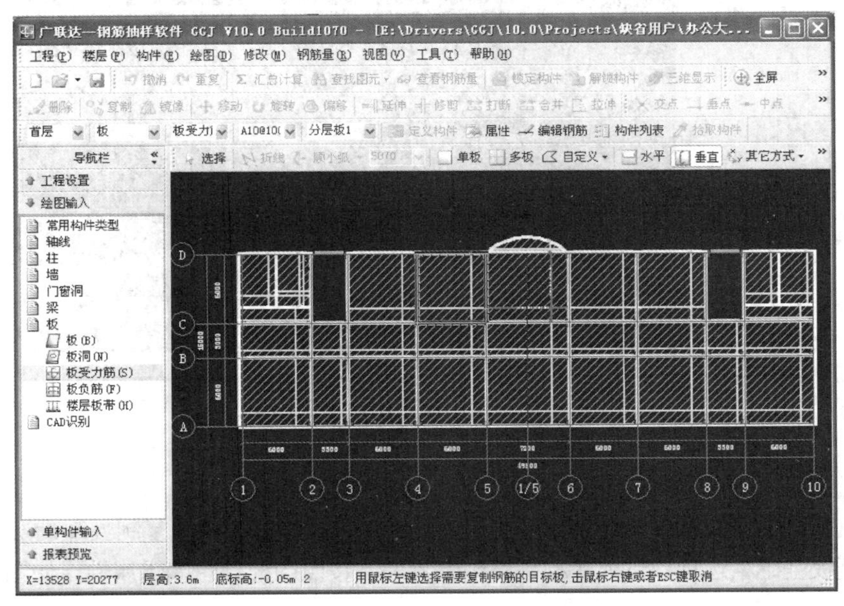

图 3.67　板受力筋的布置(二)

特 别 提 示

板受力筋分为底筋、中层筋、面筋和温度筋，其画法相同，只要根据图纸选择钢筋的类型即可。

板的负筋及分布筋按相同的方法定义好构件后，可以用【按梁布置】方法，单击选择需要布筋的梁，再选择负筋要标注的方向即可，如图 3.68 和图 3.69 所示。

属性编辑

	属性名称	属性值
1	名称(钢筋编号)	1号负筋
2	钢筋信息	A8@100
3	左标注(mm)	1500
4	右标注(mm)	0
5	马凳筋排数	2/0
6	单边标注支座负筋标注长度	支座轴线
7	非单边标注含支座宽	(是)
8	左弯折(mm)	0
9	右弯折(mm)	0
10	分布钢筋	A8@100
11	钢筋锚固	(24)
12	钢筋搭接	(29)
13	计算设置	按默认计算设置计算
14	归类名称	(1号负筋)
15	汇总信息	板负筋

图 3.68　1 号负筋的属性编辑

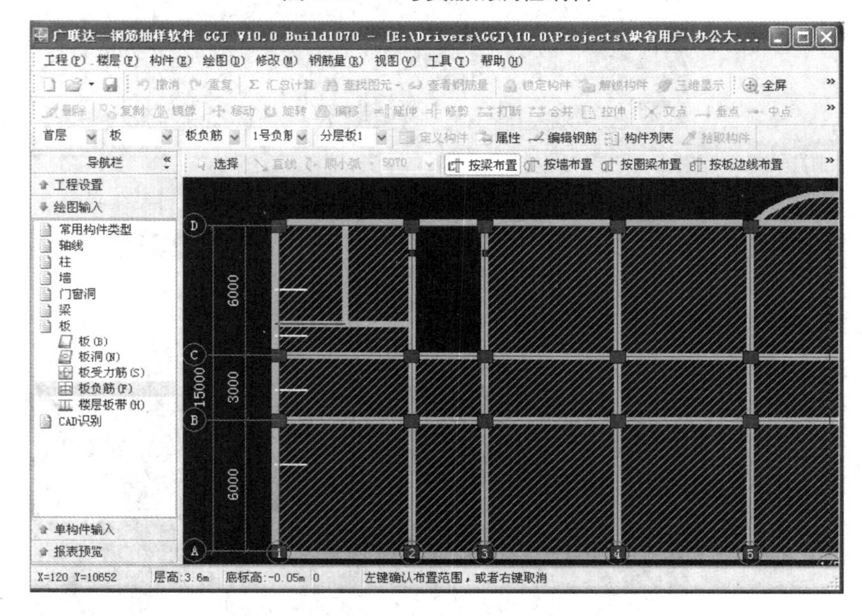

图 3.69　板负筋和分布筋的布置

6. 基础钢筋

以筏板基础为例，将楼层切换到基础层，可以将首层画好的柱子复制到基础层。在导航栏中选择【筏板基础】选项，进入【构件管理】界面，按照图样信息编辑属性，如图 3.70 所示。

属性编辑

	属性名称	属性值
1	名称	MJ-1
2	底标高(m)	-1.5
3	厚度(mm)	600
4	保护层厚度(mm)	(40)
5	马凳筋参数图形	II型
6	马凳筋信息	B20@1000
7	线形马凳筋方向	平行横向钢筋
8	拉筋	
9	拉筋数量计算	向上取整+1
10	马凳筋数量计算	向上取整+1
11	汇总信息	筏板基础

图 3.70　筏板基础属性编辑

可以用【折线】的方法画筏板基础，方法和图形算量绘制墙体相同，如图3.71所示。

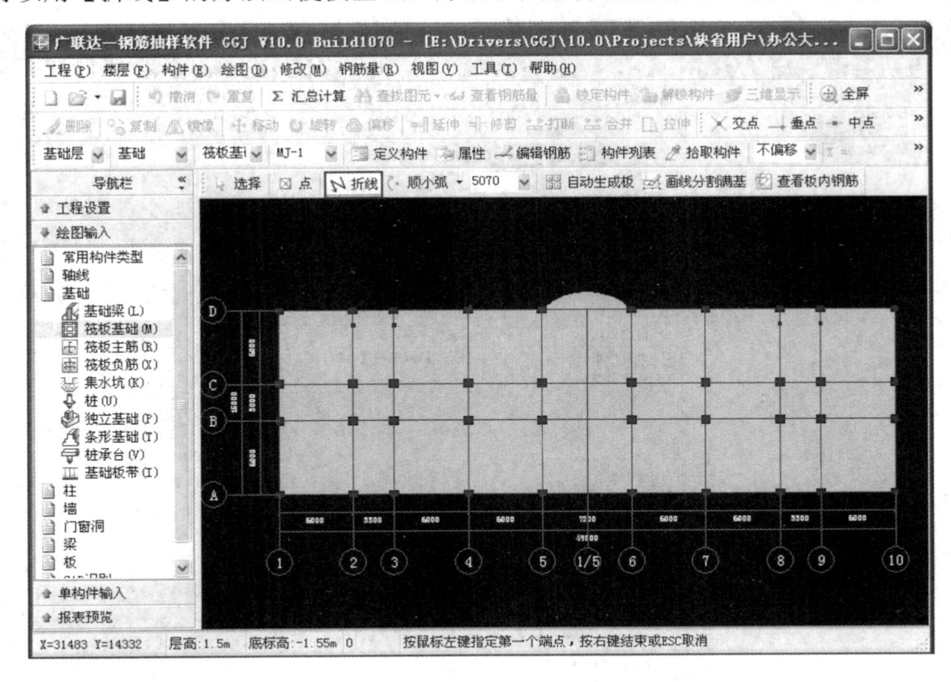

图3.71 筏板基础的画法

若要对画好的筏板基础进行偏移，单击【选择】按钮，右击选择【偏移】命令，在弹出的对话框中选择【整体偏移】选项，单击【确定】按钮，然后在基础外任意一点单击，在弹出的【输入偏移量】对话框中输入“800”，单击【确定】按钮即可，效果如图3.72所示。

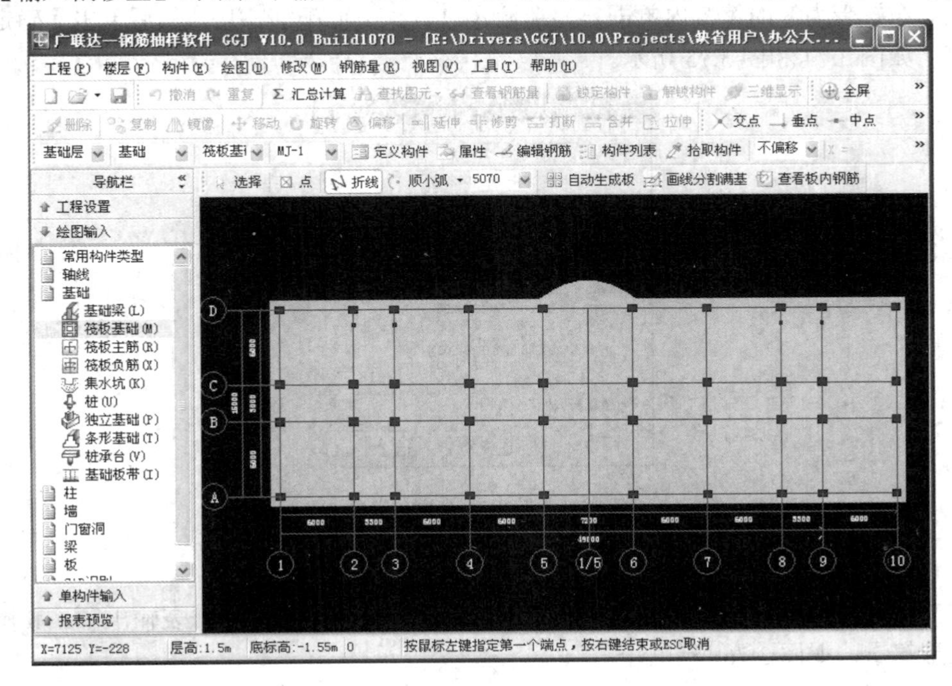

图3.72 筏板基础的偏移

筏板基础的布筋方式和板的布筋方式相同。先定义筏板主筋的属性，如图3.73所示。

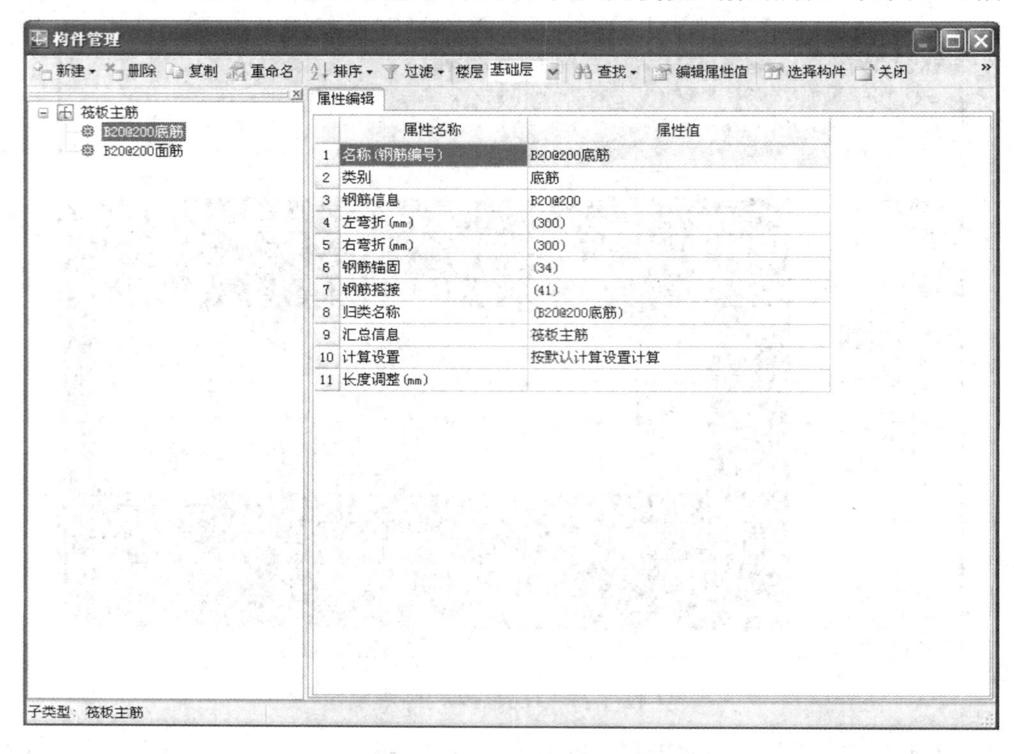

图3.73　筏板主筋的属性编辑

在绘制时也可以用【其它方式】中的 *X*、*Y* 方向布置受力筋命令，即选择【单板】命令，在要布置受力筋的筏板内单击，分别输入 *X*、*Y* 方向配筋信息，然后单击【确定】按钮即可，如图3.74和图3.75所示。

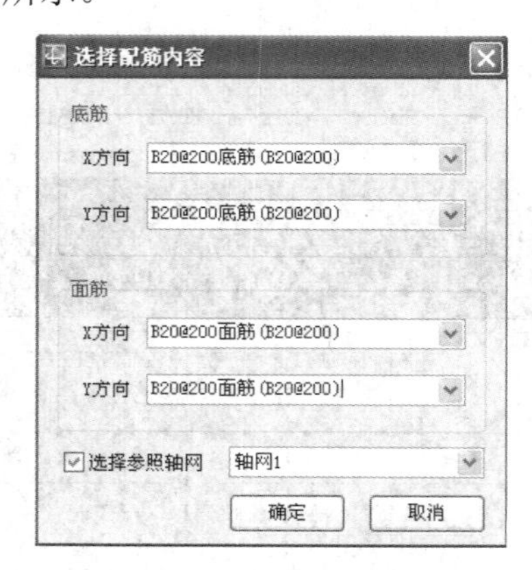

图3.74　筏板基础的布筋(一)

7. 报表输出

将其他楼层的钢筋按照相同的方法绘制后汇总计算，即可进行报表输出了，其操作方法同图形算量，如图3.76所示。

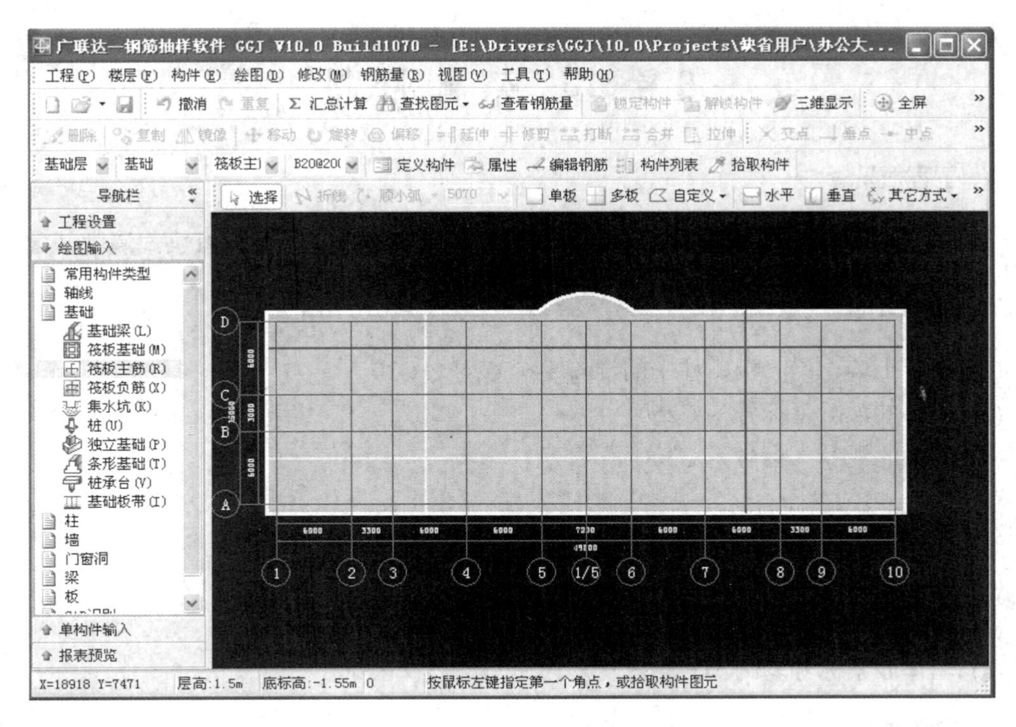

图 3.75　筏板基础的布筋(二)

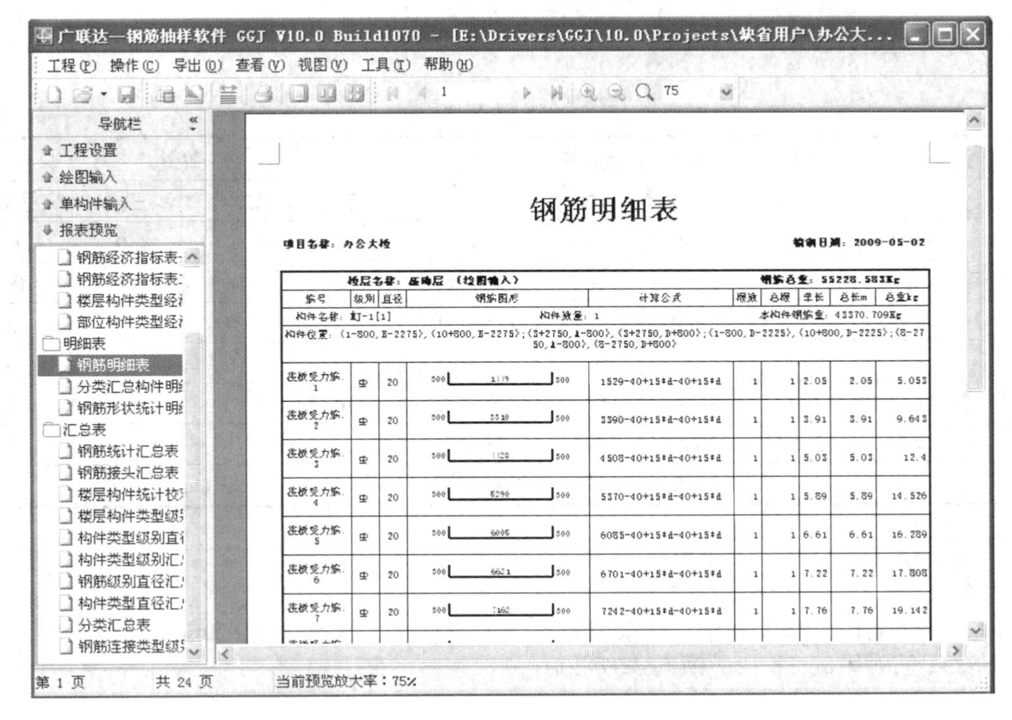

钢筋明细表

项目名称：办公大楼　　　　编制日期：2009-05-02

楼层名称：基础层（绘图输入）										钢筋总重：55228.583Kg
筋号	级别	直径	钢筋图形	计算公式	根数	总根	单长	总长m	总重kg
构件名称：BJ-1[1]			构件数量：1			本构件钢筋重：43370.709Kg			
构件位置：(1-800,B-2275),(10+800,B-2275);(3+2750,A-800),(3+2750,D+800);(1-800,D-2225),(10+800,D-2225);(8-2750,A-800),(8-2750,D+800)									
筏板受力筋.1	Φ	20	500 [illegible] 500	1529-40+15*d-40+15*d	1	1	2.05	2.05	5.053
筏板受力筋.2	Φ	20	500 3310 500	3390-40+15*d-40+15*d	1	1	3.91	3.91	9.643
筏板受力筋.3	Φ	20	500 [illegible] 500	4508-40+15*d-40+15*d	1	1	5.03	5.03	12.4
筏板受力筋.4	Φ	20	500 5290 500	5370-40+15*d-40+15*d	1	1	5.89	5.89	14.526
筏板受力筋.5	Φ	20	500 6005 500	6085-40+15*d-40+15*d	1	1	6.61	6.61	16.289
筏板受力筋.6	Φ	20	500 6621 500	6701-40+15*d-40+15*d	1	1	7.22	7.22	17.808
筏板受力筋.7	Φ	20	500 7162 500	7242-40+15*d-40+15*d	1	1	7.76	7.76	19.142

图 3.76　钢筋的报表输出

任务3.3 实训附图

3.3.1 工程概况

本工程为某老年公寓大楼，结构为框架结构，地上3层，基础为有梁式满堂基础。

3.3.2 混凝土标号

(1) 混凝土墙、梁、板、柱子的混凝土标号均为C30。
(2) 楼梯的混凝土标号为C25。
(3) 过梁的混凝土标号为C20。

3.3.3 墙体厚度和砂浆标号

(1) 外墙均为250mm厚陶粒空心砖。
(2) 内墙均为200mm厚陶粒空心砖。
(3) 墙体砂浆标号均为M5混合砂浆。

3.3.4 门窗表

门窗数据见表3-2。

表3-2 门窗表

类别	名称	宽度/mm	高度/mm	离地高/mm	材质	数量			
						首层	二层	三层	总数
门	M1	4200	2900	0	全玻门	1	0	0	1
	M2	900	2400	0	胶合板门	16	16	16	48
	M3	750	2100	0	胶合板门	4	4	4	12
窗	C1	1500	2000	900	塑钢窗	10	10	10	30
	C2	3000	2000	900	塑钢窗	10	10	10	30
	C3	3900	2000	900	塑钢窗	1	1	1	3
	C4	4500	2000	900	塑钢窗	1	1	1	3

3.3.5 过梁

M2、M3洞口上部设过梁，其余门窗洞口上部不设，过梁高度120mm，过梁宽度同墙宽，过梁配筋为纵向3ϕ12，横向ϕ6@200。

3.3.6 图形算量和钢筋抽样施工图

图形算量和钢筋抽样施工图如图3.77～图3.85所示。

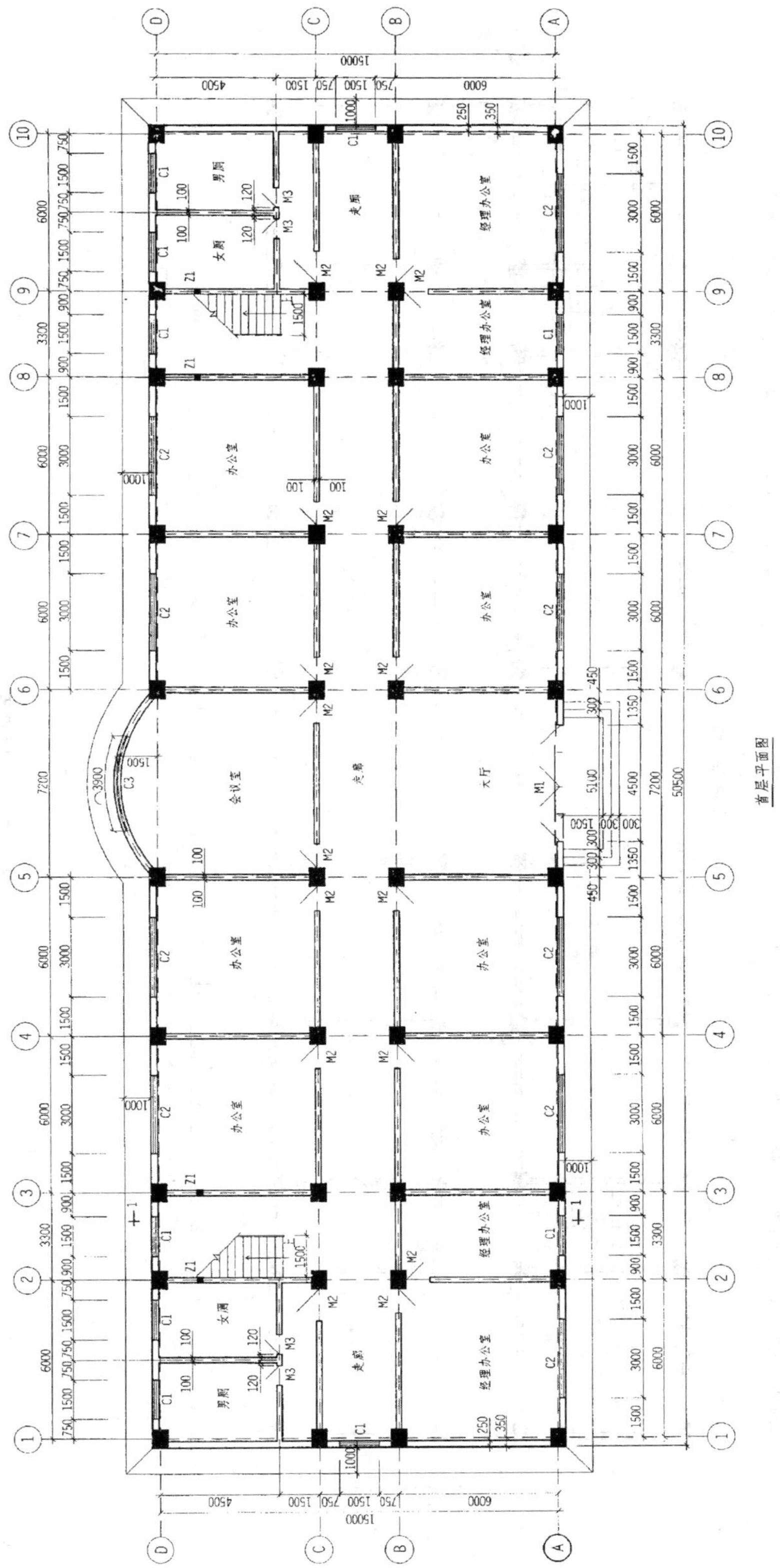

首层平面图

图3.77 首层平面图

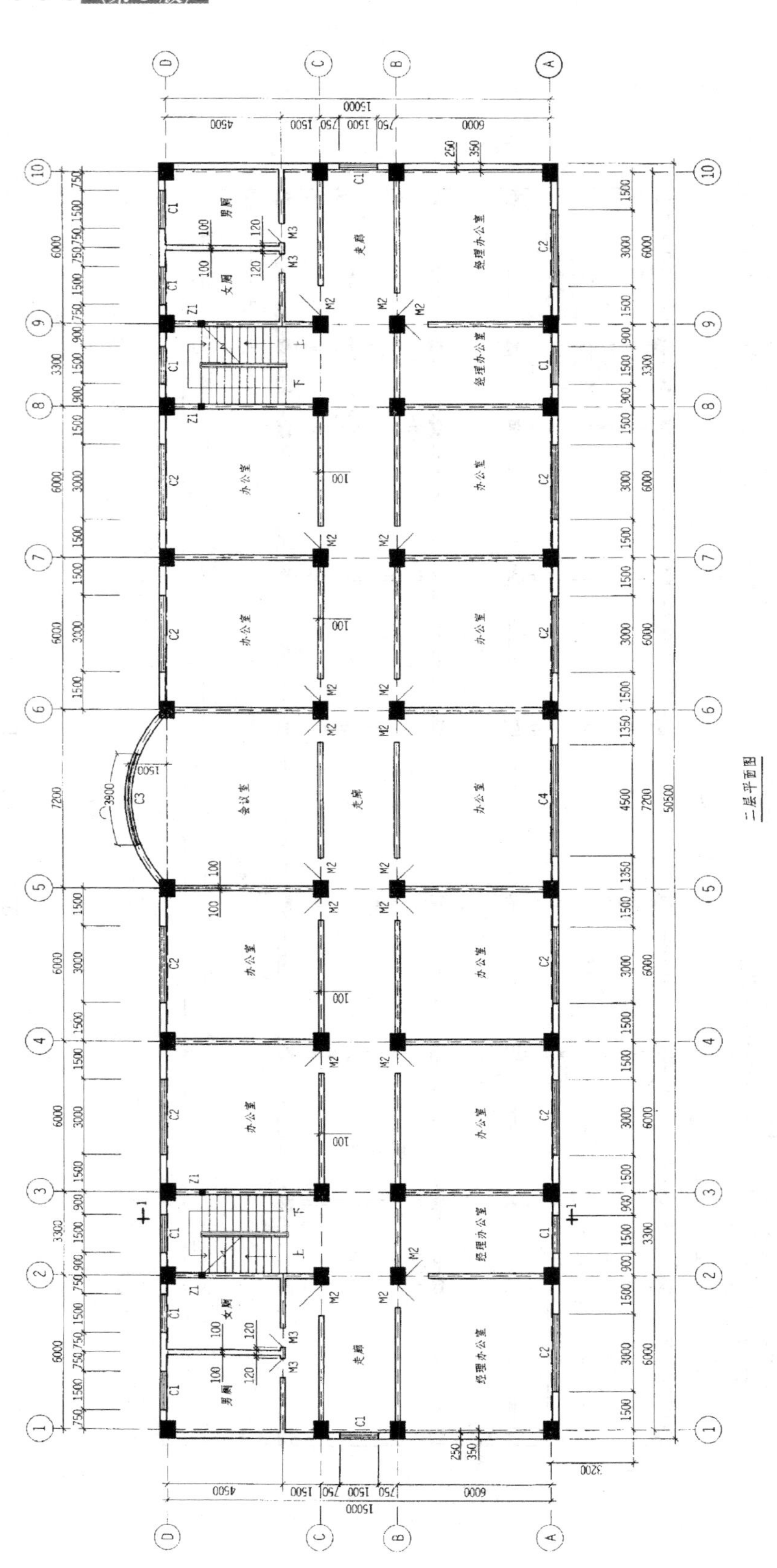
15000
4500
6000
50500
办公室
经理办公室
会议室
走廊
男厕
女厕
上
下
C1
C2
C3
C4
M2
M3
Z1
二层平面图

图 3.78　二层平面图

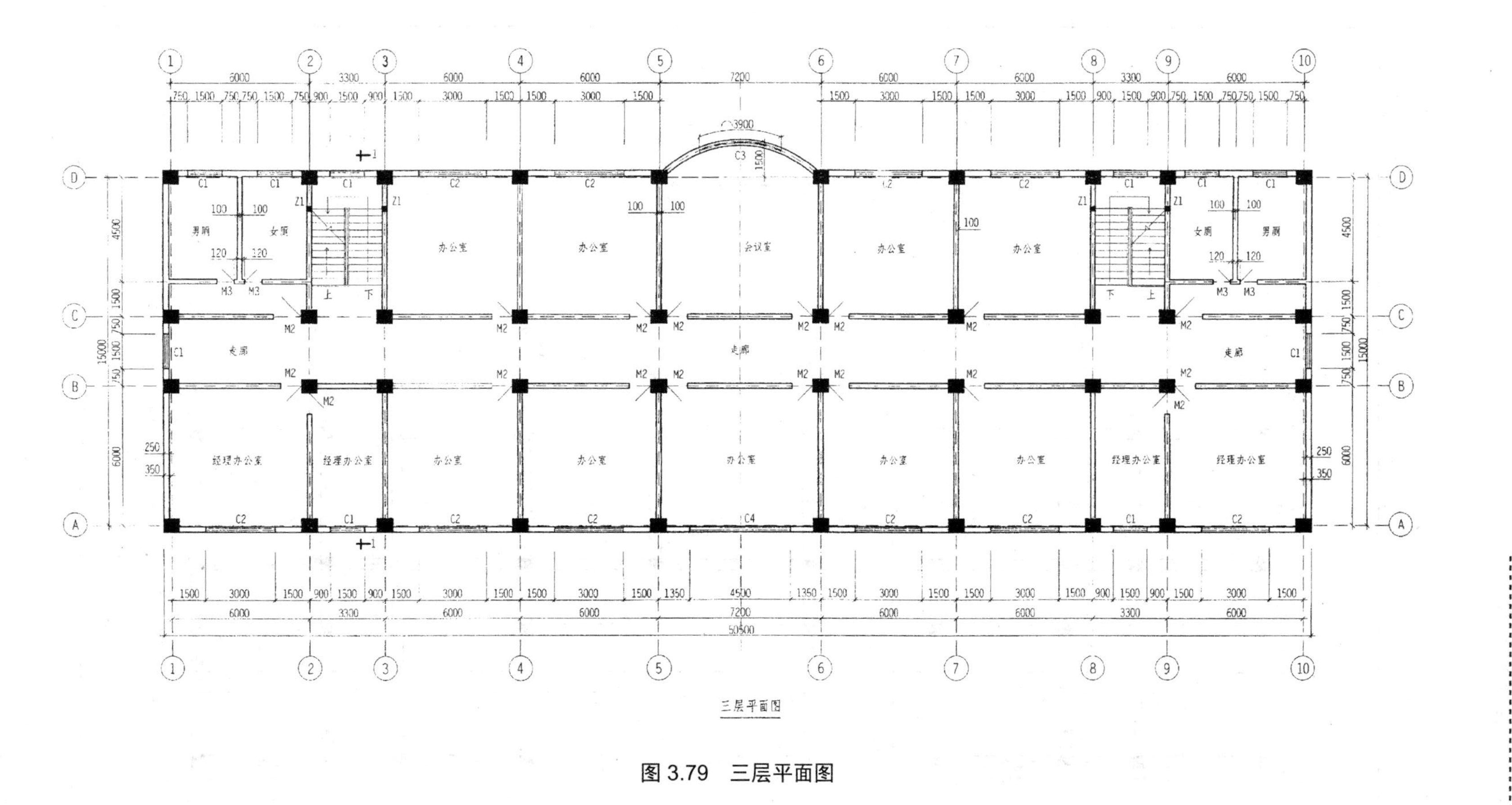
男厕
女厕
办公室
会议室
走廊
经理办公室
C1
C2
C3
C4
M2
M3
Z1
上
下
6000
3300
7200
15000
50500
三层平面图

图 3.79 三层平面图

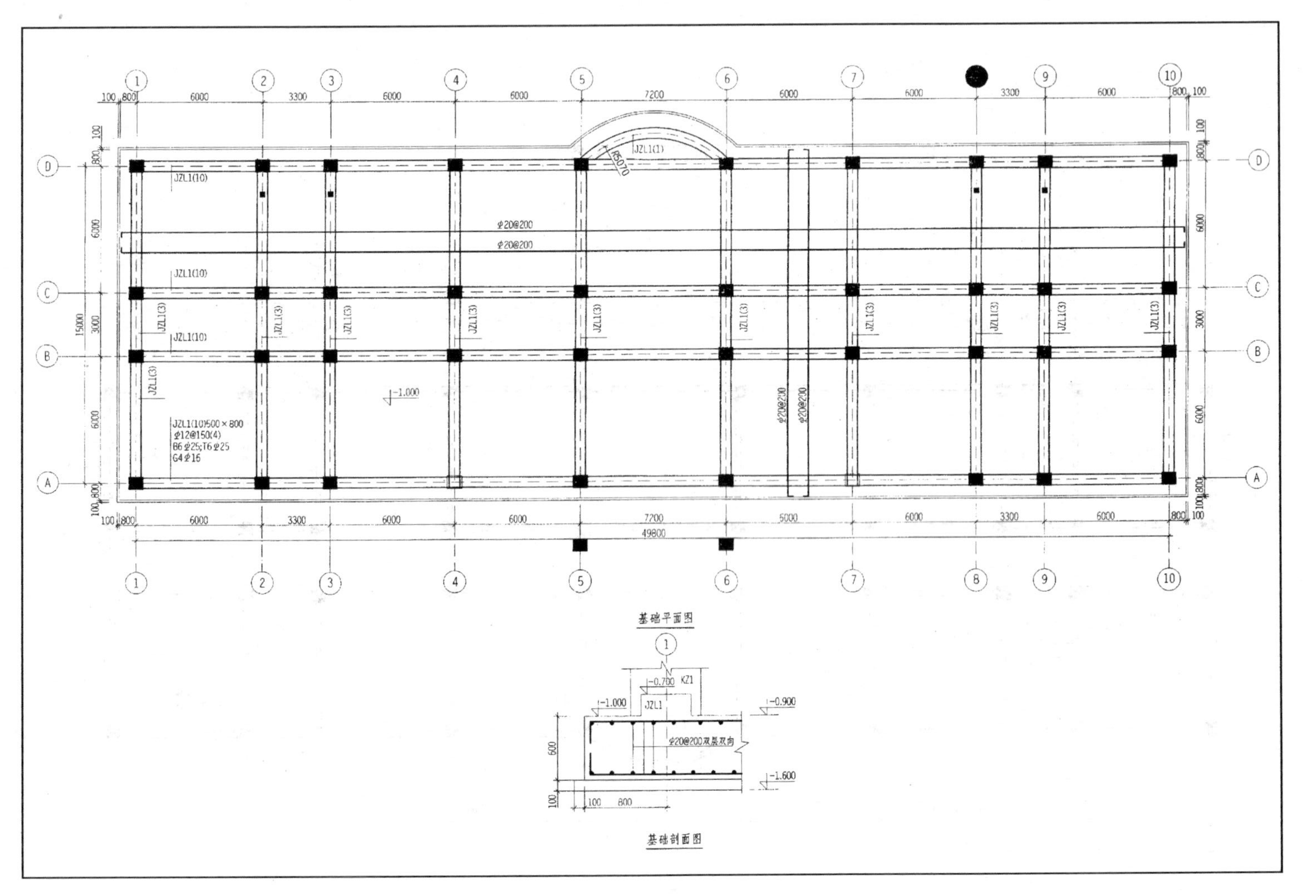

图3.80 基础平面图及剖面图

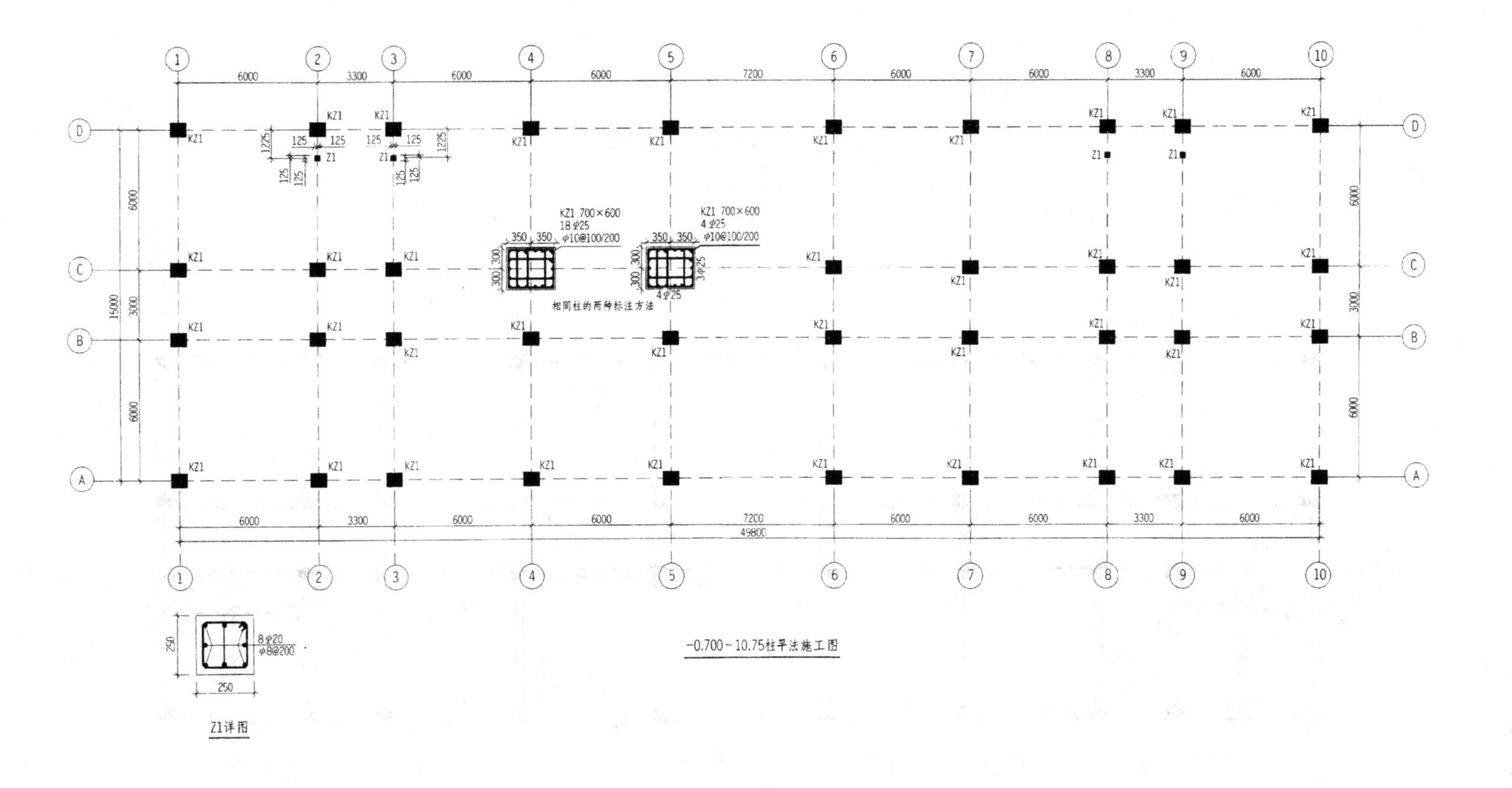
KZ1 700×600
18⌀25
⌀10@100/200
KZ1 700×600
4⌀25
⌀10@100/200
3⌀25
4⌀25
相同柱的两种标注方法
8⌀20
⌀8@200
Z1详图
-0.700~10.75柱平法施工图
49800
15000

图 3.81 柱平法施工图

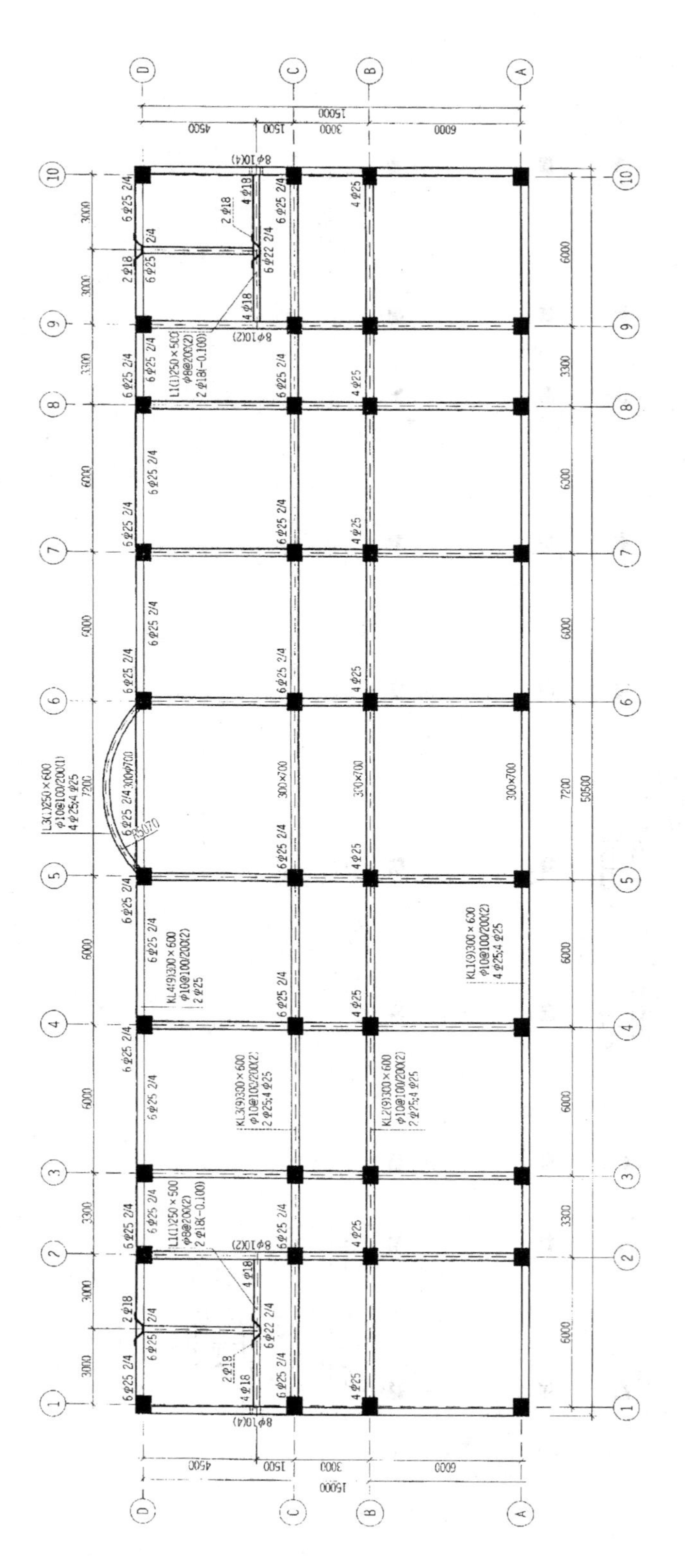

图3.82 横梁平法施工图

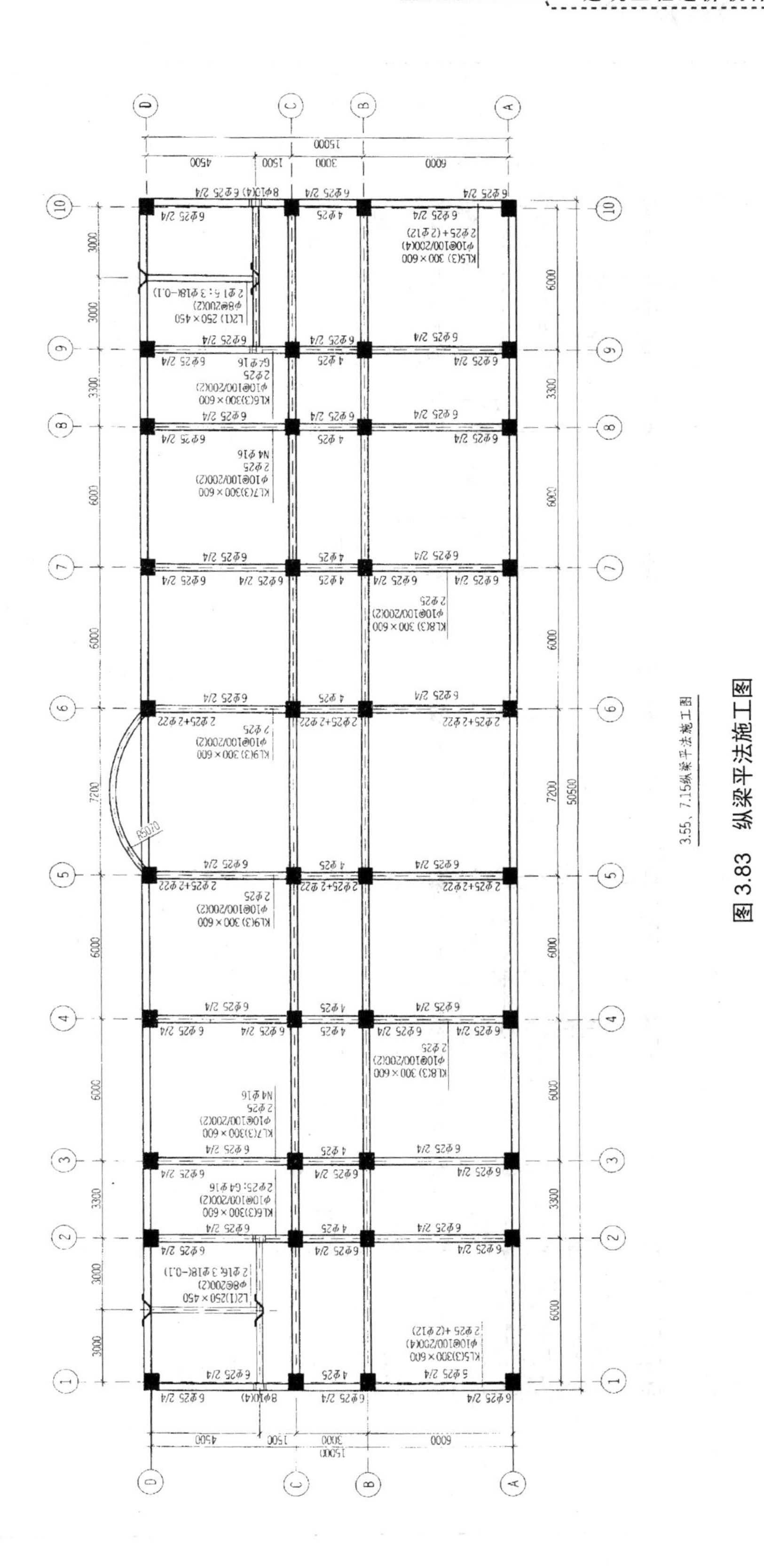

图 3.83 纵梁平法施工图

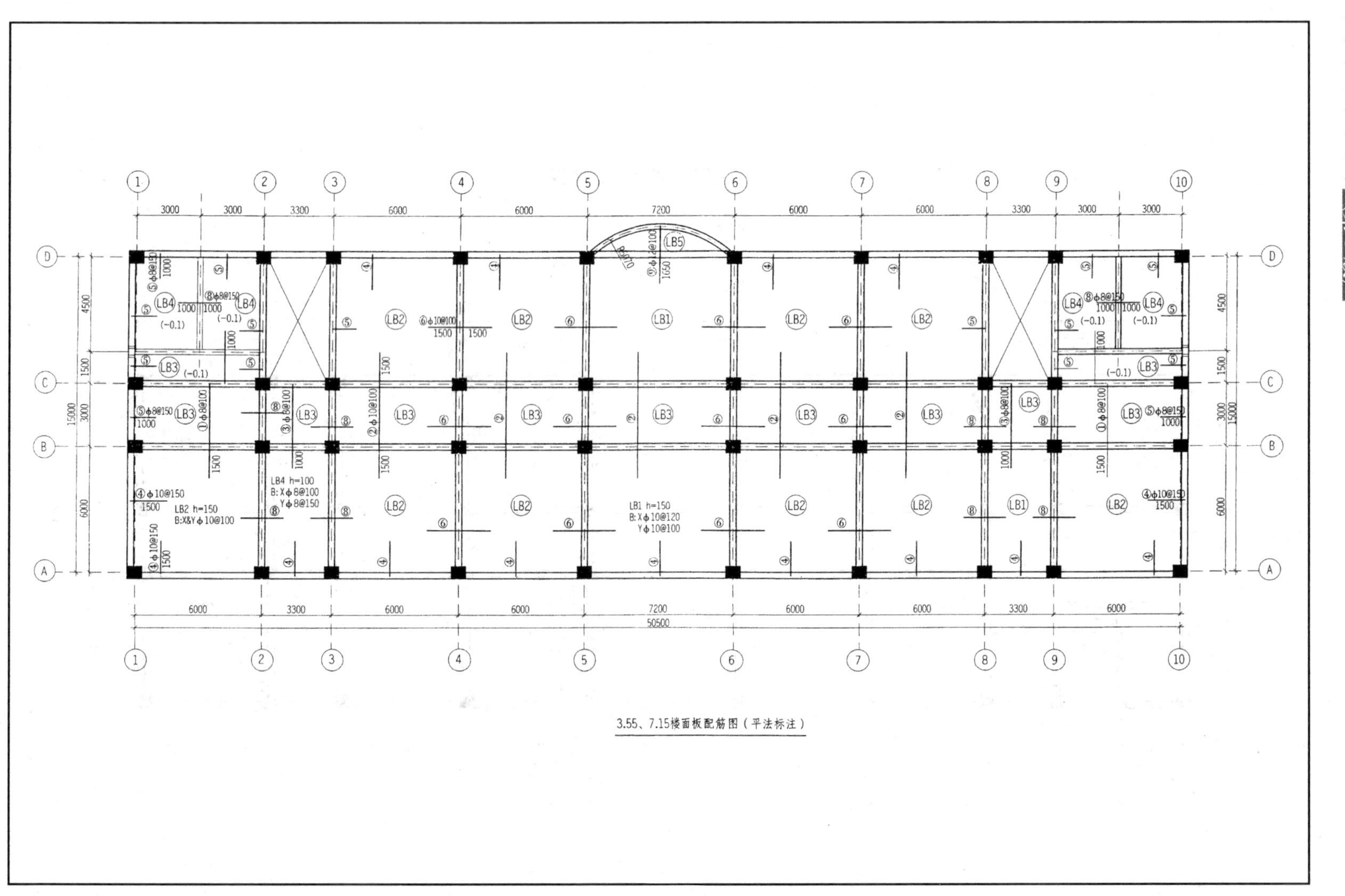
3.55、7.15楼面板配筋图（平法标注）
LB1 h=150
B:XΦ10@120
YΦ10@100
LB2 h=150
B:X&YΦ10@100
LB4 h=100
B:XΦ8@100
YΦ8@150
50500
15000

图 3.84　楼面板配筋图

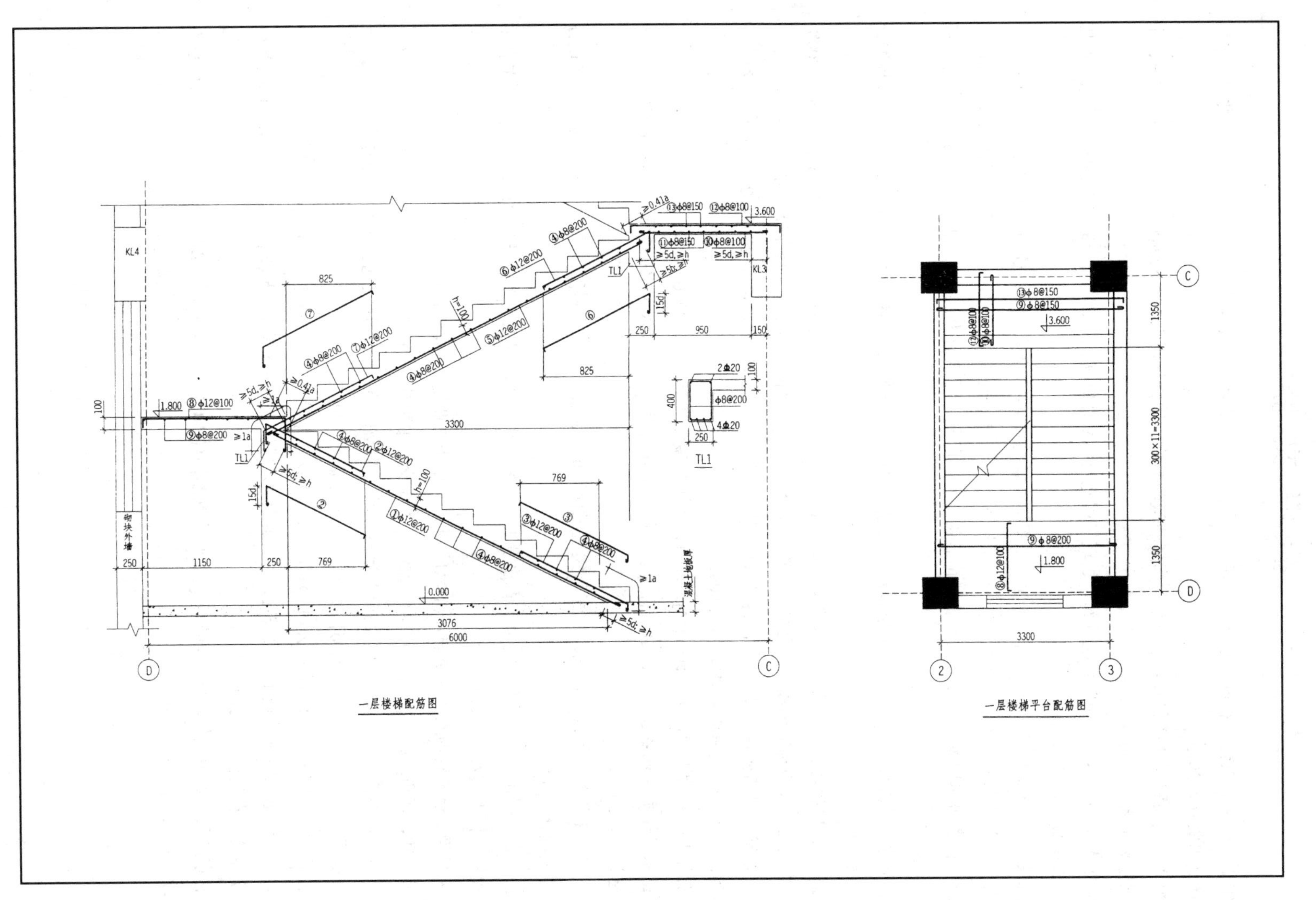
一层楼梯配筋图
一层楼梯平台配筋图
KL4
KL3
TL1
砌块外墙
1.800
3.600
0.000
⑧ ϕ12@100
⑨ϕ8@200
⑥ϕ12@200
④ϕ8@200
⑤ϕ12@200
⑦ϕ12@200
②ϕ12@200
①ϕ12@200
③ϕ12@200
⑬ϕ8@150
⑫ϕ8@100
⑪ϕ8@150
⑩ϕ8@100
⑨ ϕ8@150
⑨ ϕ8@200
⑬ ϕ8@150
2⌀20
ϕ8@200
4⌀20
250
400
100
825
769
3300
950
150
1150
3076
6000
1350
300×11=3300

图 3.85 楼梯配筋图

参 考 文 献

[1] 中华人民共和国住房和城乡建设部．建设工程工程量清单计价规范(GB 50500—2013) [S]．北京：中国计划出版社，2013．

[2] 中华人民共和国住房和城乡建设部．房屋建筑与装饰工程计量规范(GB 500854—2013) [S]．北京：中国计划出版社，2013．

[3] 中华人民共和国住房和城乡建设部．建筑工程建筑面积计算规范(GB/T 50353—2013)[S]．北京：中国计划出版社，2004．

[4] 山东省住房和城乡建设厅．山东省建筑工程消耗量定额[M]．北京：中国建筑工业出版社，2003．

[5] 山东省住房和城乡建设厅．山东省建筑工程工程量清单计价办法[M]．北京：中国建筑工业出版社，2004．

[6] 山东省住房和城乡建设厅．山东省装饰装修工程工程量清单计价办法[M]．北京：中国建筑工业出版社，2004．

[7] 山东省工程建设标准定额站．山东省建设工程工程量清单计价规则[M]．济南：山东省工程建设标准定额站，2011．

[8] 山东省住房和城乡建设厅．山东省建筑工程消耗量定额补充册[Z]．济南：山东省工程建设标准定额站，2008．

[9] 山东省工程建设标准定额站．山东省建筑工程价目表[Z]．济南：山东省工程建设标准定额站，2011．

[10] 山东省住房和城乡建设厅．山东省建筑工程量计算规则：2003 及 2004、2006、2008 补充册[Z]．济南：山东省住房和城乡建设厅，2009．

[11] 黄伟典．建设工程计量与计价[M]．北京：中国环境科学出版社，2010．

[12] 山东省住房和城乡建设厅．山东省建设工程费用项目组成及计算规则[Z]．济南：山东省住房和城乡建设厅，2011．

[13] 山东省工程建设标准定额站．山东省建筑工程计价依据交底培训资料[Z]．济南：山东省工程建设标准定额站，2003．

[14] 山东省工程建设标准定额站．山东省建设工程工程量清单计价规则宣贯辅导教材[Z]．济南：山东省工程建设标准定额站，2011．

[15] 薛淑萍．建筑装饰工程计量与计价[M]．北京：电子工业出版社，2006．

[16] 袁建新．建筑工程计量与计价[M]．北京：人民交通出版社，2007．

[17] 罗淑兰，程颢．建筑工程预算实训指导书与习题集[M]．北京：人民交通出版社，2007．

[18] 夏清东，等．工程造价管理[M]．北京：科学出版社，2007．

[19] 北京广联达慧中软件技术有限公司．清单知识文摘[Z]．北京：北京广联达慧中软件技术有限公司，2008．

[20] 北京广联达慧中软件技术有限公司．广联达图形算量 GCL 8.0 操作手册[Z]．北京：北京广联达慧中软件技术有限公司，2011．

[21] 北京广联达慧中软件技术有限公司．广联达钢筋抽样 GGJ 10.0 操作手册[Z]．北京：北京广联达慧中软件技术有限公司，2011．

北京大学出版社高职高专土建系列规划教材

序号	书名	书号	编著者	定价	出版时间	印次	配套情况
基础课程							
1	工程建设法律与制度	978-7-301-14158-8	唐茂华	26.00	2012.7	6	ppt/pdf
2	建设法规及相关知识	978-7-301-22748-0	唐茂华等	34.00	2014.9	2	ppt/pdf
3	建设工程法规(第2版)	978-7-301-24493-7	皇甫婧琪	40.00	2014.12	2	ppt/pdf/答案/素材
4	建筑工程法规实务	978-7-301-19321-1	杨陈慧等	43.00	2012.1	4	ppt/pdf
5	建筑法规	978-7-301-19371-6	董伟等	39.00	2013.1	4	ppt/pdf
6	建设工程法规	978-7-301-20912-7	王先恕	32.00	2012.7	3	ppt/ pdf
7	AutoCAD 建筑制图教程(第2版)	978-7-301-21095-6	郭　慧	38.00	2014.12	6	ppt/pdf/素材
8	AutoCAD 建筑绘图教程(第2版)	978-7-301-24540-8	唐英敏等	44.00	2014.7	1	ppt/pdf
9	建筑 CAD 项目教程(2010 版)	978-7-301-20979-0	郭　慧	38.00	2012.9	2	pdf/素材
10	建筑工程专业英语	978-7-301-15376-5	吴承霞	20.00	2013.8	8	ppt/pdf
11	建筑工程专业英语	978-7-301-20003-2	韩薇等	24.00	2014.7	2	ppt/ pdf
12	★建筑工程应用文写作(第2版)	978-7-301-24480-7	赵立等	50.00	2014.7	1	ppt/pdf
13	建筑识图与构造(第2版)	978-7-301-23774-8	郑贵超	40.00	2014.12	2	ppt/pdf/答案
14	建筑构造	978-7-301-21267-7	肖　芳	34.00	2014.12	4	ppt/ pdf
15	房屋建筑构造	978-7-301-19883-4	李少红	26.00	2012.1	4	ppt/pdf
16	建筑识图	978-7-301-21893-8	邓志勇等	35.00	2013.1	2	ppt/ pdf
17	建筑识图与房屋构造	978-7-301-22860-9	贠禄等	54.00	2015.1	2	ppt/pdf /答案
18	建筑构造与设计	978-7-301-23506-5	陈玉萍	38.00	2014.1	1	ppt/pdf /答案
19	房屋建筑构造	978-7-301-23588-1	李元玲等	45.00	2014.1	2	ppt/pdf
20	建筑构造与施工图识读	978-7-301-24470-8	南学平	52.00	2014.8	1	ppt/pdf
21	建筑工程制图与识图(第2版)	978-7-301-24408-1	白丽红	29.00	2014.7	1	ppt/pdf
22	建筑制图习题集(第2版)	978-7-301-24571-2	白丽红	25.00	2014.8	1	pdf
23	建筑制图(第2版)	978-7-301-21146-5	高丽荣	32.00	2015.4	5	ppt/pdf
24	建筑制图习题集(第2版)	978-7-301-21288-2	高丽荣	28.00	2014.12	5	pdf
25	建筑工程制图(第2版)(附习题册)	978-7-301-21120-5	肖明和	48.00	2012.8	3	ppt/pdf
26	建筑制图与识图	978-7-301-18806-2	曹雪梅	36.00	2014.9	1	ppt/pdf
27	建筑制图与识图习题册	978-7-301-18652-7	曹雪梅等	30.00	2012.4	4	pdf
28	建筑制图与识图	978-7-301-20070-4	李元玲	28.00	2012.8	5	ppt/pdf
29	建筑制图与识图习题集	978-7-301-20425-2	李元玲	24.00	2012.3	4	ppt/pdf
30	新编建筑工程制图	978-7-301-21140-3	方筱松	30.00	2014.8	2	ppt/ pdf
31	新编建筑工程制图习题集	978-7-301-16834-9	方筱松	22.00	2014.1	2	pdf
建筑施工类							
1	建筑工程测量	978-7-301-16727-4	赵景利	30.00	2010.2	12	ppt/pdf /答案
2	建筑工程测量(第2版)	978-7-301-22002-3	张敬伟	37.00	2015.4	6	ppt/pdf /答案
3	建筑工程测量实验与实训指导(第2版)	978-7-301-23166-1	张敬伟	27.00	2013.9	2	pdf/答案
4	建筑工程测量	978-7-301-19992-3	潘益民	38.00	2012.2	2	ppt/ pdf
5	建筑工程测量	978-7-301-13578-5	王金玲等	26.00	2011.8	3	pdf
6	建筑工程测量实训（第2版）	978-7-301-24833-1	杨凤华	34.00	2015.1	1	pdf/答案
7	建筑工程测量(含实验指导手册)	978-7-301-19364-8	石　东等	43.00	2012.6	3	ppt/pdf/答案
8	建筑工程测量	978-7-301-22485-4	景　铎等	34.00	2013.6	1	ppt/pdf
9	建筑施工技术	978-7-301-21209-7	陈雄辉	39.00	2013.2	4	ppt/pdf
10	建筑施工技术	978-7-301-12336-2	朱永祥等	38.00	2012.4	7	ppt/pdf
11	建筑施工技术	978-7-301-16726-7	叶　雯等	44.00	2013.5	6	ppt/pdf /素材
12	建筑施工技术	978-7-301-19499-7	董伟等	42.00	2011.9	2	ppt/pdf
13	建筑施工技术	978-7-301-19997-8	苏小梅	38.00	2013.5	3	ppt/pdf
14	建筑工程施工技术(第2版)	978-7-301-21093-2	钟汉华等	48.00	2013.8	5	ppt/pdf
15	数字测图技术	978-7-301-22656-8	赵　红	36.00	2013.6	1	ppt/pdf
16	数字测图技术实训指导	978-7-301-22679-7	赵　红	27.00	2013.6	1	ppt/pdf
17	基础工程施工	978-7-301-20917-2	董伟等	35.00	2012.7	2	ppt/pdf
18	建筑施工技术实训(第2版)	978-7-301-24368-8	周晓龙	30.00	2014.12	2	pdf
19	建筑力学(第2版)	978-7-301-21695-8	石立安	46.00	2014.12	5	ppt/pdf

序号	书名	书号	编著者	定价	出版时间	印次	配套情况
20	★土木工程实用力学(第 2 版)	978-7-301-24681-8	马景善	47.00	2015.6	1	pdf/ppt/答案
21	土木工程力学	978-7-301-16864-6	吴明军	38.00	2011.11	2	ppt/pdf
22	PKPM 软件的应用(第 2 版)	978-7-301-22625-4	王　娜等	34.00	2013.6	2	Pdf
23	建筑结构(第 2 版)(上册)	978-7-301-21106-9	徐锡权	41.00	2013.4	2	ppt/pdf/答案
24	建筑结构(第 2 版)(下册)	978-7-301-22584-4	徐锡权	42.00	2013.6	2	ppt/pdf/答案
25	建筑结构	978-7-301-19171-2	唐春平等	41.00	2012.6	4	ppt/pdf
26	建筑结构基础	978-7-301-21125-0	王中发	36.00	2012.8	2	ppt/pdf
27	建筑结构原理及应用	978-7-301-18732-6	史美东	45.00	2012.8	1	ppt/pdf
28	建筑力学与结构(第 2 版)	978-7-301-22148-8	吴承霞等	49.00	2014.12	5	ppt/pdf/答案
29	建筑力学与结构(少学时版)	978-7-301-21730-6	吴承霞	34.00	2013.2	4	ppt/pdf/答案
30	建筑力学与结构	978-7-301-20988-2	陈水广	32.00	2012.8	1	pdf/ppt
31	建筑力学与结构	978-7-301-23348-1	杨丽君等	44.00	2014.1	1	ppt/pdf
32	建筑结构与施工图	978-7-301-22188-4	朱希文等	35.00	2013.3	2	ppt/pdf
33	生态建筑材料	978-7-301-19588-2	陈剑峰等	38.00	2013.7	2	ppt/pdf
34	建筑材料(第 2 版)	978-7-301-24633-7	林祖宏	35.00	2014.8	1	ppt/pdf
35	建筑材料与检测	978-7-301-16728-1	梅　杨等	26.00	2012.11	9	ppt/pdf/答案
36	建筑材料检测试验指导	978-7-301-16729-8	王美芬等	18.00	2014.12	7	pdf
37	建筑材料与检测	978-7-301-19261-0	王　辉	35.00	2012.6	5	ppt/pdf
38	建筑材料与检测试验指导	978-7-301-20045-2	王　辉	20.00	2013.1	3	ppt/pdf
39	建筑材料选择与应用	978-7-301-21948-5	申淑荣等	39.00	2013.3	2	ppt/pdf
40	建筑材料检测实训	978-7-301-22317-8	申淑荣等	24.00	2013.4	1	pdf
41	建筑材料	978-7-301-24208-7	任晓菲	40.00	2014.7	1	ppt/pdf /答案
42	建设工程监理概论(第 2 版)	978-7-301-20854-0	徐锡权等	43.00	2014.12	5	ppt/pdf /答案
43	★建设工程监理(第 2 版)	978-7-301-24490-6	斯　庆	35.00	2014.9	1	ppt/pdf /答案
44	建设工程监理概论	978-7-301-15518-9	曾庆军等	24.00	2012.12	5	ppt/pdf
45	工程建设监理案例分析教程	978-7-301-18984-9	刘志麟等	38.00	2013.2	2	ppt/pdf
46	地基与基础(第 2 版)	978-7-301-23304-7	肖明和等	42.00	2014.12	2	ppt/pdf/答案
47	地基与基础	978-7-301-16130-2	孙平平等	26.00	2013.2	3	ppt/pdf
48	地基与基础实训	978-7-301-23174-6	肖明和等	25.00	2013.10	1	ppt/pdf
49	土力学与地基基础	978-7-301-23675-8	叶火炎等	35.00	2014.1	1	ppt/pdf
50	土力学与基础工程	978-7-301-23590-4	宁培淋等	32.00	2014.1	1	ppt/pdf
51	建筑工程质量事故分析(第 2 版)	978-7-301-22467-0	郑文新	32.00	2014.12	3	ppt/pdf
52	建筑工程施工组织设计	978-7-301-18512-4	李源清	26.00	2014.12	7	ppt/pdf
53	建筑工程施工组织实训	978-7-301-18961-0	李源清	40.00	2014.12	4	ppt/pdf
54	建筑施工组织与进度控制	978-7-301-21223-3	张廷瑞	36.00	2012.9	3	ppt/pdf
55	建筑施工组织项目式教程	978-7-301-19901-5	杨红玉	44.00	2012.1	2	ppt/pdf/答案
56	钢筋混凝土工程施工与组织	978-7-301-19587-1	高　雁	32.00	2012.5	2	ppt/pdf
57	钢筋混凝土工程施工与组织实训指导(学生工作页)	978-7-301-21208-0	高　雁	20.00	2012.9	1	ppt
58	建筑材料检测试验指导	978-7-301-24782-2	陈东佐等	20.00	2014.9	1	ppt
59	★建筑节能工程与施工	978-7-301-24274-2	吴明军等	35.00	2014.11	1	ppt/pdf
60	建筑施工工艺	978-7-301-24687-0	李源清等	49.50	2015.1	1	pdf/ppt/答案
61	建筑材料与检测(第 2 版)	978-7-301-25347-2	梅　杨等	33.00	2015.2	1	pdf/ppt/答案
62	土力学与地基基础	978-7-301-25525-4	陈东佐	45.00	2015.2	1	ppt/ pdf/答案
	工程管理类						
1	建筑工程经济(第 2 版)	978-7-301-22736-7	张宁宁等	30.00	2014.12	6	ppt/pdf/答案
2	★建筑工程经济(第 2 版)	978-7-301-24492-0	胡六星等	41.00	2014.9	2	ppt/pdf/答案
3	建筑工程经济	978-7-301-24346-6	刘晓丽等	38.00	2014.7	1	ppt/pdf/答案
4	施工企业会计(第 2 版)	978-7-301-24434-0	辛艳红等	36.00	2014.7	1	ppt/pdf/答案
5	建筑工程项目管理	978-7-301-12335-5	范红岩等	30.00	2012. 4	9	ppt/pdf
6	建设工程项目管理(第 2 版)	978-7-301-24683-2	王　辉	36.00	2014.9	1	ppt/pdf/答案
7	建设工程项目管理	978-7-301-19335-8	冯松山等	38.00	2013.11	3	pdf/ppt
8	★建设工程招投标与合同管理(第 3 版)	978-7-301-24483-8	宋春岩	40.00	2014.12	2	ppt/pdf/答案/试题/教案
9	建筑工程招投标与合同管理	978-7-301-16802-8	程超胜	30.00	2012.9	2	pdf/ppt

序号	书名	书号	编著者	定价	出版时间	印次	配套情况
10	工程招投标与合同管理实务(第 2 版)	978-7-301-25769-2	杨甲奇等	48.00	2015.7	1	ppt/pdf/答案
11	工程招投标与合同管理实务	978-7-301-19290-0	郑文新等	43.00	2012.4	2	ppt/pdf
12	建设工程招投标与合同管理实务	978-7-301-20404-7	杨云会等	42.00	2012.4	2	ppt/pdf/答案/习题库
13	工程招投标与合同管理	978-7-301-17455-5	文新平	37.00	2012.9	1	ppt/pdf
14	工程项目招投标与合同管理(第 2 版)	978-7-301-24554-5	李洪军等	42.00	2014.12	2	ppt/pdf/答案
15	工程项目招投标与合同管理(第 2 版)	978-7-301-22462-5	周艳冬	35.00	2014.12	3	ppt/pdf
16	建筑工程商务标编制实训	978-7-301-20804-5	钟振宇	35.00	2012.7	1	ppt
17	建筑工程安全管理	978-7-301-19455-3	宋　健等	36.00	2013.5	4	ppt/pdf
18	建筑工程质量与安全管理	978-7-301-16070-1	周连起	35.00	2014.12	8	ppt/pdf/答案
19	施工项目质量与安全管理	978-7-301-21275-2	钟汉华	45.00	2012.10	2	ppt/pdf/答案
20	工程造价控制(第 2 版)	978-7-301-24594-1	斯　庆	32.00	2014.8	1	ppt/pdf/答案
21	工程造价管理	978-7-301-20655-3	徐锡权等	33.00	2013.8	3	ppt/pdf
22	工程造价控制与管理	978-7-301-19366-2	胡新萍等	30.00	2014.12	4	ppt/pdf
23	建筑工程造价管理	978-7-301-20360-6	柴　琦等	27.00	2014.12	4	ppt/pdf
24	建筑工程造价管理	978-7-301-15517-2	李茂英等	24.00	2012.1	4	pdf
25	工程造价案例分析	978-7-301-22985-9	甄　凤	30.00	2013.8	2	pdf/ppt
26	建设工程造价控制与管理	978-7-301-24273-5	胡芳珍等	38.00	2014.6	1	ppt/pdf/答案
27	建筑工程造价	978-7-301-21892-1	孙咏梅	40.00	2013.2	1	ppt/pdf
28	★建筑工程计量与计价(第 3 版)	978-7-301-25344-1	肖明和等	65.00	2015.7	1	pdf/ppt
29	★建筑工程计量与计价实训(第 3 版)	978-7-301-25345-8	肖明和等	29.00	2015.7	1	pdf
30	建筑工程计量与计价综合实训	978-7-301-23568-3	龚小兰	28.00	2014.1	2	pdf
31	建筑工程估价	978-7-301-22802-9	张　英	43.00	2013.8	1	ppt/pdf
32	建筑工程计量与计价——透过案例学造价(第 2 版)	978-7-301-23852-3	张　强	59.00	2014.12	3	ppt/pdf
33	安装工程计量与计价(第 3 版)	978-7-301-24539-2	冯　钢等	54.00	2014.8	3	pdf/ppt
34	安装工程计量与计价综合实训	978-7-301-23294-1	成春燕	49.00	2014.12	3	pdf/素材
35	安装工程计量与计价实训	978-7-301-19336-5	景巧玲等	36.00	2013.5	4	pdf/素材
36	建筑水电安装工程计量与计价	978-7-301-21198-4	陈连姝	36.00	2013.8	3	ppt/pdf
37	建筑与装饰工程工程量清单(第 2 版)	978-7-301-25753-1	翟丽旻等	36.00	2015.5	1	ppt
38	建筑工程清单编制	978-7-301-19387-7	叶晓容	24.00	2011.8	2	ppt/pdf
39	建设项目评估	978-7-301-20068-1	高志云等	32.00	2013.6	2	ppt/pdf
40	钢筋工程清单编制	978-7-301-20114-5	贾莲英	36.00	2012.2	2	ppt / pdf
41	混凝土工程清单编制	978-7-301-20384-2	顾　娟	28.00	2012.5	1	ppt / pdf
42	建筑装饰工程预算(第 2 版)	978-7-301-25801-9	范菊雨	44.00	2015.7	1	pdf/ppt
43	建设工程安全监理	978-7-301-20802-1	沈万岳	28.00	2012.7	1	pdf/ppt
44	建筑工程安全技术与管理实务	978-7-301-21187-8	沈万岳	48.00	2012.9	2	pdf/ppt
45	建筑工程资料管理	978-7-301-17456-2	孙　刚等	36.00	2014.12	5	pdf/ppt
46	建筑施工组织与管理(第 2 版)	978-7-301-22149-5	翟丽旻等	43.00	2014.12	3	ppt/pdf/答案
47	建设工程合同管理	978-7-301-22612-4	刘庭江	46.00	2013.6	1	ppt/pdf/答案
48	★工程造价概论	978-7-301-24696-2	周艳冬	31.00	2015.1	1	ppt/pdf/答案
49	建筑安装工程计量与计价实训(第 2 版)	978-7-301-25683-1	景巧玲等	36.00	2015.7	1	pdf
		建筑设计类					
1	中外建筑史(第 2 版)	978-7-301-23779-3	袁新华等	38.00	2014.2	2	ppt/pdf
2	建筑室内空间历程	978-7-301-19338-9	张伟孝	53.00	2011.8	1	pdf
3	建筑装饰 CAD 项目教程	978-7-301-20950-9	郭　慧	35.00	2013.1	2	ppt/素材
4	室内设计基础	978-7-301-15613-1	李书青	32.00	2013.5	3	ppt/pdf
5	建筑装饰构造	978-7-301-15687-2	赵志文等	27.00	2012.11	6	ppt/pdf/答案
6	建筑装饰材料(第 2 版)	978-7-301-22356-7	焦　涛等	34.00	2013.5	2	ppt/pdf
7	★建筑装饰施工技术(第 2 版)	978-7-301-24482-1	王　军	37.00	2014.7	2	ppt/pdf
8	设计构成	978-7-301-15504-2	戴碧锋	30.00	2012.10	2	ppt/pdf
9	基础色彩	978-7-301-16072-5	张　军	42.00	2011.9	2	pdf
10	设计色彩	978-7-301-21211-0	龙黎黎	46.00	2012.9	1	ppt
11	设计素描	978-7-301-22391-8	司马金桃	29.00	2013.4	2	ppt
12	建筑素描表现与创意	978-7-301-15541-7	于修国	25.00	2012.11	3	Pdf
13	3ds Max 效果图制作	978-7-301-22870-8	刘　晗等	45.00	2013.7	1	ppt

序号	书名	书号	编著者	定价	出版时间	印次	配套情况
14	3ds max 室内设计表现方法	978-7-301-17762-4	徐海军	32.00	2010.9	1	pdf
15	Photoshop 效果图后期制作	978-7-301-16073-2	脱忠伟等	52.00	2011.1	2	素材/pdf
16	建筑表现技法	978-7-301-19216-0	张　峰	32.00	2013.1	2	ppt/pdf
17	建筑速写	978-7-301-20441-2	张　峰	30.00	2012.4	1	pdf
18	建筑装饰设计	978-7-301-20022-3	杨丽君	36.00	2012.2	1	ppt/素材
19	装饰施工读图与识图	978-7-301-19991-6	杨丽君	33.00	2012.5	1	ppt
20	建筑装饰工程计量与计价	978-7-301-20055-1	李茂英	42.00	2013.7	3	ppt/pdf
21	3ds Max & V-Ray 建筑设计表现案例教程	978-7-301-25093-8	郑恩峰	40.00	2014.12	1	ppt/pdf
规划园林类							
1	城市规划原理与设计	978-7-301-21505-0	谭婧婧等	35.00	2013.1	2	ppt/pdf
2	居住区景观设计	978-7-301-20587-7	张群成	47.00	2012.5	1	ppt
3	居住区规划设计	978-7-301-21031-4	张　燕	48.00	2012.8	2	ppt
4	园林植物识别与应用	978-7-301-17485-2	潘利等	34.00	2012.9	1	ppt
5	园林工程施工组织管理	978-7-301-22364-2	潘利等	35.00	2013.4	1	ppt/pdf
6	园林景观计算机辅助设计	978-7-301-24500-2	于化强等	48.00	2014.8	1	ppt/pdf
7	建筑·园林·装饰设计初步	978-7-301-24575-0	王金贵	38.00	2014.10	1	ppt/pdf
房地产类							
1	房地产开发与经营(第 2 版)	978-7-301-23084-8	张建中等	33.00	2014.8	2	ppt/pdf/答案
2	房地产估价(第 2 版)	978-7-301-22945-3	张　勇等	35.00	2014.12	2	ppt/pdf/答案
3	房地产估价理论与实务	978-7-301-19327-3	褚菁晶	35.00	2011.8	2	ppt/pdf/答案
4	物业管理理论与实务	978-7-301-19354-9	裴艳慧	52.00	2011.9	2	ppt/pdf
5	房地产测绘	978-7-301-22747-3	唐春平	29.00	2013.7	1	ppt/pdf
6	房地产营销与策划	978-7-301-18731-9	应佐萍	42.00	2012.8	2	ppt/pdf
7	房地产投资分析与实务	978-7-301-24832-4	高志云	35.00	2014.9	1	ppt/pdf
市政与路桥类							
1	市政工程计量与计价(第 2 版)	978-7-301-20564-8	郭良娟等	42.00	2015.1	6	pdf/ppt
2	市政工程计价	978-7-301-22117-4	彭以舟等	39.00	2015.2	1	ppt/pdf
3	市政桥梁工程	978-7-301-16688-8	刘　江等	42.00	2012.10	2	ppt/pdf/素材
4	市政工程材料	978-7-301-22452-6	郑晓国	37.00	2013.5	1	ppt/pdf
5	道桥工程材料	978-7-301-21170-0	刘水林等	43.00	2012.9	1	ppt/pdf
6	路基路面工程	978-7-301-19299-3	偶昌宝等	34.00	2011.8	1	ppt/pdf/素材
7	道路工程技术	978-7-301-19363-1	刘　雨等	33.00	2011.12	1	ppt/pdf
8	城市道路设计与施工	978-7-301-21947-8	吴颖峰	39.00	2013.1	1	ppt/pdf
9	建筑给排水工程技术	978-7-301-25224-6	刘　芳等	46.00	2014.12	1	ppt/pdf
10	建筑给水排水工程	978-7-301-20047-6	叶巧云	38.00	2012.2	1	ppt/pdf
11	市政工程测量(含技能训练手册)	978-7-301-20474-0	刘宗波等	41.00	2012.5	1	ppt/pdf
12	公路工程任务承揽与合同管理	978-7-301-21133-5	邱　兰等	30.00	2012.9	1	ppt/pdf/答案
13	★工程地质与土力学(第 2 版)	978-7-301-24479-1	杨仲元	41.00	2014.7	1	ppt/pdf
14	数字测图技术应用教程	978-7-301-20334-7	刘宗波	36.00	2012.8	1	ppt
15	水泵与水泵站技术	978-7-301-22510-3	刘振华	40.00	2013.5	1	ppt/pdf
16	道路工程测量(含技能训练手册)	978-7-301-21967-6	田树涛等	45.00	2013.2	1	ppt/pdf
17	桥梁施工与维护	978-7-301-23834-9	梁　斌	50.00	2014.2	1	ppt/pdf
18	铁路轨道施工与维护	978-7-301-23524-9	梁　斌	36.00	2014.1	1	ppt/pdf
19	铁路轨道构造	978-7-301-23153-1	梁　斌	32.00	2013.10	1	ppt/pdf
建筑设备类							
1	建筑设备基础知识与识图(第 2 版)	978-7-301-24586-6	靳慧征等	47.00	2014.12	2	ppt/pdf/答案
2	建筑设备识图与施工工艺	978-7-301-19377-8	周业梅	38.00	2011.8	4	ppt/pdf
3	建筑施工机械	978-7-301-19365-5	吴志强	30.00	2014.12	5	pdf/ppt
4	智能建筑环境设备自动化	978-7-301-21090-1	余志强	40.00	2012.8	1	pdf/ppt
5	流体力学及泵与风机	978-7-301-25279-6	王　宁等	35.00	2015.1	1	pdf/ppt/答案